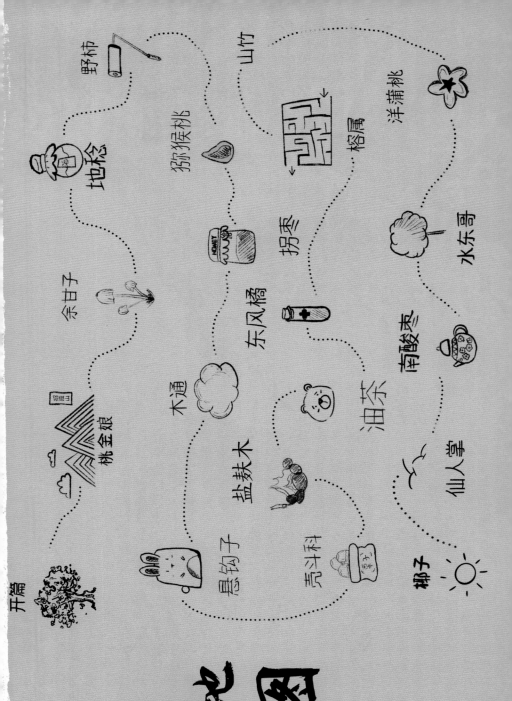

地图

开篇

桃金娘

余甘子

地毯

野柿

山竹

洋蒲桃

猕猴桃

榕属

拐枣

水东哥

东风橘

南酸枣

仙人掌

木通

盐肤木

油柰

悬钩子

壳斗科

椰子

桃金娘

Rhodomyrtus tomentosa (Ait.) Hassk.

科属： 桃金娘科，桃金娘属
别称： 香桃木、山菍、豆稔、多莲、岗稔

形态特征

生活型： 灌木

株： 高达2米

枝： 幼枝密被柔毛

叶： 对生，椭圆形或倒卵形

花： 长梗，常单生，紫红色

果： 浆果，卵状壶形

生态习性

国内产地： 台湾、福建、广东、广西、云南、贵州及湖南最南部。
国外分布： 中南半岛、菲律宾、日本、印度、斯里兰卡、马来西亚及印度尼西亚等地。
生境： 丘陵坡地，为酸性土指示植物。
物候期： 花期4～5月，果期7～8月。

文献记载

《花镜》记载： 金丝桃一名桃金娘。出桂林郡。花似桃而大，其色更赪，中茎纯紫，心吐黄须，铺散花外，严以金丝。八九月实熟，青绀若牛乳状。

《岭表录异》记载： 食者必捻其蒂，故谓之倒捻子，或呼为都捻子……其子外紫内赤……食之甜软，甚暖腹，兼益肌肉。

《海漆录》记载： 桃金娘子活血、补血，研滤为膏饵之，又止肠滑。

药用价值

桃金娘全株在活血通络、收敛止泻、补虚止血等方面具有很好的药用功效。

书籍参考

[1]《常用中草药手册》
[2]《台湾药用植物志》
[3]《广西中药志》
[4]《中国植物志》

余甘子

Phyllanthus emblica Linn.

科属： 大戟科，叶下珠属
别称： 米含、望果、木波

形态特征

生活型： 乔木

株： 高达23米

枝： 具纵细条纹

叶： 纸质至革质，线状长圆形

花： 聚伞花序

果： 蒴果呈核果状，圆球形

生态习性

中国云南： 在三江两岸和小流域的干旱河谷地区，极喜光，耐干热、瘠薄环境。

中国广西： 垂直分布多在海拔500米以下的低丘。

余甘子生长于海拔200～2300米山地疏林、灌丛、荒地或山沟向阳处。

物候期： 花期4～6月，果期7～9月。

文献记载

《唐本草》《海药本草》记载：余甘子"味苦酸甘、微寒、无毒"。

《图经本草》记载：余甘子最早来自印度，庵摩勒为古梵语音译，意译为"无垢果"，无垢即为圣洁，古印度僧侣将其尊为"圣果"。

《琼台志》记载：余甘状如龙眼而差扁，回味如橄榄。

《本草拾遗》记载：取子压取汁和油涂头，生发，去风痒。初涂发脱后生如漆，可用于生发、黑发。

《本草纲目》记载：余甘果主治风寒热气、丹石伤肺等症，可解金石毒，并有久服轻身、延年益寿等功效。

药用价值

余甘子可降血脂、降血压，也具有抗炎、抗菌的作用，还拥有较强的抗氧化活性，因此，它具有很强的抗衰老作用，是减脂和抵抗衰老的天然物质之一，被称为"生命之果"。

书籍参考

[1]《本草纲目》
[2]《中华人民共和国药典》
[3]《唐本草》
[4]《海药本草》

地稔

Melastoma dodecandrum

科属： 野牡丹科，野牡丹属

别称： 乌地梨、铺地锦、地稔

形态特征

生活型： 茎匍匐的小灌木

株： 长 10 ～ 30 厘米

茎： 匍匐上升，分枝多

叶： 卵形或椭圆形，基出脉 3 ～ 5

花： 花瓣淡紫红或紫红色

果： 坛状球状，肉质

生态习性

国内产地： 华南地区。

国外分布： 东南亚区域。

生境： 是华南地区酸性土壤上常见的植物，爬山时常见在各个向阳区域。喜欢生长在干旱的地方。

物候期： 花期 5 ～ 7 月，果期 7 ～ 9 月。

文献记载

《全国中草药汇编》中记载：地稔的全草或根可清热解毒、祛风利湿、补血止血等。

药用价值

全株供药用，其味甘、涩，性凉，具有活血止血、消肿祛瘀、清热解毒之功效。

书籍参考

[1]《陆川本草》
[2]《闽东本草》
[3]《生草药性备要》

野柿

Diospyros kaki var. *silvestris* Makino

科属： 柿科，柿属
别称： 山柿、油柿

形态特征

生活型： 落叶乔木

枝： 小枝常密被黄褐色柔毛

叶： 椭圆状卵形，基部宽楔形

花： 雌雄异株或同株

果： 球形，浅黄色

种子： 扁状，栗褐色

生态习性

国内产地： 华中、云南、广东和广西北部、江西、福建等地的山区。

海拔： 生于山地自然林或次生林中，或在山坡灌丛中，垂直分布约达海拔 1600 米。

文献记载

《中药大辞典》中记载有柿树根的治疗作用，其功效主要为清热解毒。

《上林赋》记载：枇杷橪柿。

主要价值

未成熟柿子用于提取柿漆；果脱涩后可食，亦有在树上自然脱涩的。木材用途同柿树。树皮亦含鞣质。

书籍参考

[1]《齐民要术》
[2]《南都赋》
[3]《中药大辞典》
[4]《礼记》

中华猕猴桃

Actinidia chinensis Planch.

科属： 猕猴桃科，猕猴桃属

别称： 猕猴桃、羊桃、阳桃、红藤梨、白毛桃、公羊桃、公洋桃、鬼桃等

形态特征

生活型： 大型落叶藤本

枝： 灰白色茸毛，褐色长硬毛

叶： 纸质，倒阔卵形至倒卵形

花： 聚伞花序1～3花，花瓣5片

果： 黄褐色，近球形、圆柱形

种子： 纵径2.5毫米

生态习性

国内产地： 产于陕西（南端）、湖北、湖南、河南、安徽、江苏、浙江、江西、福建、广东（北部）和广西（北部）等地。

生境： 生于海拔200～600米低山区的山林中，一般多出现于高草灌丛、灌木林或次生疏林中，喜欢腐殖质丰富、排水良好的土壤。分布于较北的地区者喜生于温暖湿润、背风向阳环境。

文献记载

《诗经》记载：隰有苌楚（猕猴桃的古名），猗傩其枝。

《本草拾遗》记载：猕猴桃味咸温无毒，可供药用。

主要价值

中华猕猴桃整个植株均可用
药；根皮、根性寒、苦涩，具
有活血化瘀、清热解毒、利湿
祛风的作用。

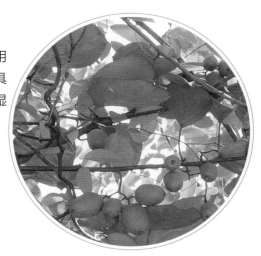

书籍参考

· · · · · · ·

[1]《诗经》
[2]《本草拾遗》
[3]《开宝本草》

拐枣

Hovenia dulcis Thunb.

科属： 鼠李科，枳椇属

别称： 枳椇、鸡爪梨、枳椇子、北
　　　　枳椇、甜半夜

形态特征

生活型： 高大乔木，稀灌木

枝： 小枝无毛

叶： 叶卵圆形，宽长圆形

花： 黄绿色，径6～8毫米

果： 浆果状核果近球形

种子： 深褐色或黑紫色

生态习性

国内产地： 河北、山东、山西、河南、陕西、甘肃、四川北部、湖北
西部、安徽、江苏、江西（庐山）。

国外分布： 日本、朝鲜。

生境： 次生林中或庭园栽培。

海拔： 200～1400米。

文献记载

《唐本草》记载： 其树径尺，木名白石，叶如桑、柘，其子作房似珊瑚，核在其端，人皆食之。

《本草纲目》记载： 解酒良药枳椇子。

《本草拾遗》记载： 止渴除烦，润五脏，利大小便，去膈上热，功用如蜜。

药用价值

北枳椇的根皮和果实可入药，可治醉酒、烦热、口渴、呕吐、二便不利。

书籍参考

[1]《唐本草》

[2]《本草纲目》

[3]《本草衍义补遗》

[4]《圣济总录》

[5]《本草拾遗》

木通

Akebia quinata (Houtt.) Decne.

科属： 木通科，木通属
别称： 山通草、野木瓜、通草、
　　　　附支、丁翁

形态特征

生活型： 落叶木质藤本

茎： 纤细，圆柱形，皮灰褐色

叶： 掌状复叶互生或短枝簇生

花： 伞房花序式的总状花序腋生

果： 果孪生或单生，长/椭圆形

种子： 卵状长圆形，略扁平

郭剑强摄

生态习性

国内产地： 长江流域各地。

国外分布： 日本和朝鲜。

生境： 山地灌木丛、林缘和沟谷中。

海拔： 300 ～ 1500 米。

✛ 文献记载

《药性论》记载： 主治五淋，利小便，开关格，治人多睡，主水肿浮大，除烦热。

《食疗本草》记载： 煮饮之，通妇人血气，又除寒热不通之气，消鼠瘘、金疮、踒折，煮汁酿酒妙。

✛ 药用价值

木通具有清心火，利小便，通经下乳的功效；主治小便赤涩，淋浊，水肿，胸中烦热，喉痹咽痛，遍身拘痛，妇女经闭，乳汁不通；实践证明，木通有明显的利尿作用。

书籍参考

● ● ● ● ● ●

[1]《别录》
[2]《药性论》
[3]《食疗本草》

悬钩子

Rubus corchorifolius L.f.

科属： 蔷薇科，悬钩子属
别称： 山莓、三月泡、四月泡、
　　　　　山抛子、刺葫芦、高脚菠等

形态特征

生活型： 直立灌木

高： 1 ~ 3米

枝： 具皮刺，幼时为柔毛

叶： 单叶，卵形至卵状披针形

花： 花单生或少数生于短枝上

果： 近球形或卵球形

生态习性

多生在海拔200 ~ 2200米的向阳山坡、山谷、荒地、溪边和疏密灌丛中潮湿处。

耐贫瘠，适应性强，属阳性植物。

文献记载

《本草纲目》记载：悬钩，树生，高四五尺，其茎白色，有倒刺，故名悬钩。

《本草拾遗》记载：食之醒酒，止渴，除痰唾，去酒毒。

《现代实用中药》记载：内服治痛风，外用涂丹毒。

《常用中草药手册》记载：活血祛瘀，清热止血。

药用价值

一般以根和叶入药。秋季挖根，洗净，切片晒干。自春至秋可采叶，洗净，切碎晒干。

根：活血，止血，祛风利湿。

叶：消肿解毒。

果：活血祛瘀，清热止血。

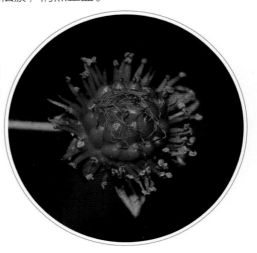

✛ 凡强老师 摄

书籍参考

[1]《本草纲目》

[2]《现代实用中药》

[3]《本草拾遗》

[4]《常用中草药手册》

壳斗科

Fagaceae

科属：壳斗科
别称：山毛榉科

🕀 形态特征

生活型：常绿或落叶乔木

枝：具皮刺，幼时为柔毛

叶：单叶，互生，极少轮生

花：花单性同株，稀异株或同序

果：木质，角质，或木栓质

🕀 生态习性

国内产地：西起西藏吉隆县，东到黑龙江虎林市，南起海南三亚市，北至内蒙古额尔古纳市。北方地区壳斗科植物分布较为分散，南方地区分布较为聚集。

盐麸木

Rhus chinensis Mill.

科属： 漆树科，盐麸木属

别称： 五倍子树、五倍柴、山梧桐、
木五倍子、角倍等

形态特征

生活型： 落叶小乔木或灌木

株： 高 2 ~ 10 米

叶： 奇数羽状复叶，有小叶，纸质

花： 圆锥花序宽大，多分枝

果： 核果球形，略压扁

生态习性

国内产地： 除东北、内蒙古和新疆外，其余各地均有。

国外分布： 分布于印度、东南亚及东亚其他地区。

物候期： 花期 8 ~ 9 月，果期 10 月。

文献记载

《本草纲目》记载:"生津降火,化痰,润肺滋肾,消毒,止痢收汗。"

药用价值

盐麸木可清热解毒,散瘀
止血。

书籍参考

· · · · · ·

《本草纲目》

油茶

Camellia oleifera Abel.

科属： 山茶科，山茶属

别称： 野油茶、山油茶、
单籽油茶

形态特征

生活型： 小乔木或灌木状

枝： 幼枝被粗毛

叶： 叶革质，椭圆形、长圆形或
倒卵形

花： 花顶生，花瓣白色

果： 蒴果球形

生态习性

国内产地： 广东、香港、广西、湖南及江西。

物候期： 花期10月至翌年2月，果期翌年9～10月。

✚ 文献记载

《三农记》记载："掘地作小窖，勿通深，用砂土和实置窖中，次年春分时开窖播种。"

《纲目拾遗》记载："明目亮发、润肠通便、清热化湿、杀虫解毒"之功效。

✚ 药用价值

油茶清热解毒、活血散瘀、止痛。根可用于急性咽喉炎、胃痛、扭挫伤。

书籍参考

· · · · · · ·

[1]《三农记》

[2]《本草纲目》

[3]《纲目拾遗》

东风橘

Atalantia buxifolia (Poir.) Oliv.

科属： 芸香科，酒饼簕属

别称： 酒饼簕、狗骨簕、山橘簕、
乌柑

形态特征

生活型： 灌木

株： 高达2.5米

茎： 茎多刺，稀无刺

叶： 单叶，硬革质，卵形

花： 花多朵簇生叶腋，稀单生

果： 果球形，稍扁圆/近椭圆形

生态习性

国内产地： 海南，台湾、福建、广东、广西四地南部，通常见于离海岸不远的平地、缓坡及低丘陵的灌木丛中。

国外分布： 菲律宾、越南。

生境： 山地林中。

物候期： 花期5 ~ 12月，果期9 ~ 12月，常在同植株上花果并茂。

文献记载

《岭南采药录》记载： 理跌打肿痛。又能止痛，去风痰，瘫痪用之有效。苏劳伤，理咳嗽，除小肠气痛。

《陆川本草》记载： 驳骨消肿，止痛去瘀。治跌打折骨，风湿骨痛。

药用价值

东风橘的根和叶可入药，有祛风解表、化痰止咳、行气活血、止痛的功效。

书籍参考

[1]《岭南采药录》
[2]《台湾药用植物志》
[3]《全国中草药汇编》

榕属

Ficus

科属： 桑科内的其中一属
别称： 无

形态特征

生活型： 乔木、小乔木或灌木

株： 常绿，稀落叶，乔木/灌木

叶： 叶互生，稀对生，全缘，
稀具锯齿或缺裂

花： 花单性，雌雄同株或异株

果： 榕果腋生或生于老茎

生态习性

榕属多喜阳和温热气候，为强阳性树种，根系庞大，耐热、怕旱、耐湿、耐瘠、耐酸、耐阴、耐风、抗污染、耐修剪、易移植、寿命长。

野外常见榕属

无花果： 约汉代传入新疆，唐代传入中原，除了入药外，还可做成各种美食，吃法多样，比如鲜食，做成果汁、果酱、蜜饯，煲汤等。

五指毛桃： 传统中药材，两广地区常用其根须煲汤，具有一种类似椰子气味的香气。

薜荔： 又名凉粉果，爱玉果。果子可作为凉粉的原材料，加上白糖、白醋、蜂蜜等食用。

天仙果

薜荔

书籍参考

● ● ● ● ● ●

《中国植物志》

山竹

Garcinia mangostana L.

科属： 藤黄科，藤黄属
别称： 山竺、山竹子、倒捻子、莽吉柿

形态特征

生活型： 小乔木

株： 高12 ~ 20米

枝： 具明显的纵棱条

叶： 椭圆形或椭圆状矩圆形

花： 雄花多朵簇生于枝条顶端，雌花单生或成对，着生于枝条顶端

果： 成熟时紫红色

生态习性

国外分布： 原产于马鲁古，亚洲和非洲其他热带地区广泛栽培。
物候期： 花期9 ~ 10月。

文献记载

《瀛涯胜览》记载：爪哇国有芭蕉子、莽吉柿、西瓜、郎级之类。其莽吉柿如石榴样，皮内如橘囊样，有白肉四块，味甜酸，甚可食。

药用价值

山竹的树皮、树叶、种皮、果皮和根都具有不同的药用价值，日常中吃果肉具有降火、美容肌肤的功效。

书籍参考

[1]《瀛涯胜览》
[2]《中国植物志》

洋蒲桃

Syzygium samarangense

科属： 桃金娘科，蒲桃属
别称： 莲雾、金山蒲桃、爪哇蒲桃、
水蒲桃

形态特征

生活型： 乔木

株： 高达12米

叶： 叶薄革质，椭圆形至长圆形

花： 聚伞花序顶生或腋生，白色

果： 果实梨形或圆锥形，肉质

生态习性

国内产地： 台湾、广东、广西、海南、福建均有分布。

原产地： 马来西亚及印度。

繁殖技术： 种子少且难发芽，常用高空压条、扦插和嫁接的方式进行繁殖。

物候期： 花期3～4月，果实5～6月成熟。

文献记载

《莲雾的营养成分分析》记录，莲雾含有丰富的矿物质、维生素、蛋白质、有机酸等，具有清热利尿、安神、助消化等作用。

《浅谈莲雾的价值》指出，在台湾民间有"吃莲雾清肺火"的说法。挑选莲雾的诀窍是"黑透红、肚脐开、皮幼幼、粒头满"。

药用价值

《浅谈莲雾的价值》：润肺、止咳、生津，治痔疮出血、胃腹胀满等。

书籍参考

[1]《中国高等植物图鉴》
[2]《海南植物志》
[3]《广州植物志》
[4]《莲雾优质高效栽培技术》

水东哥

Saurauia tristyla

科属： 猕猴桃科，水东哥属
别称： 水琵琶、水牛奶、白饭果、
红毛树、鼻涕果

✚ 形态特征

生活型： 灌木或小乔木

株： 高3～6米

叶： 叶纸质或薄革质，倒卵形

花： 聚伞花序簇生，白色/粉红色

果： 球形，白色，绿色/淡黄色

✚ 生态习性

国内产地： 广西、广东、云南、贵州。
国外产地： 印度、马来西亚。
生境： 喜欢阴凉潮湿、土层深厚的环境，常生长于林下沟谷的水边。

文献记载

《中国中草药志》记载：味微苦，性凉。归肺经。清热解毒，止咳，止痛。治风热咳嗽，风火牙痛。

药用价值

水东哥具有清热解毒、止咳、止痛的功效，广西玉林地区民间用根、叶入药，有清热解毒、凉血作用，治无名肿毒、眼翳，根皮煲瘦猪肉内服治遗精。

书籍参考

• • • • • •

[1]《中国高等植物图鉴》

[2]《中国植物志》

[3]《中国中草药志》

南酸枣

Choerospondias axillaris

科属：漆树科，南酸枣属

别称：五眼果、山枣、酸枣、花心木、棉麻树、啃不死

形态特征

生活型：高大落叶乔木

株：高达30米

叶：奇数羽状复叶，互生

花：单性或杂性异株

果：核果黄色，椭圆状球形

生态习性

国内产地：中国西南、广东、广西、华东地区。

国外产地：印度、中南半岛、日本。

生境：生于海拔300～2000米的山坡、丘陵或沟谷林中。

物候期：花期4～6月，果期8～10月。

文献记载

《南酸枣皮原花色素结构组成及其生物活性》指出，南酸枣具有悠久的药用和食用传统，以干燥成熟果实入药，是藏药和蒙药医治心脏病的常用药材之一。

《内蒙古蒙成药标准》共收录内服药101种，其中含南酸枣的制剂就有11种。

药用价值

南酸枣鲜果，消食滞，治食滞腹痛。果核，清热毒、杀虫收敛、醒酒解毒，治风毒起疙瘩成疮或疡痛。

书籍参考

[1]《中国高等植物图鉴》

[2]《中国植物志》

[3]《中华人民共和国药典》

[4]《广西中草药》

旅途后记

仙人掌

Opuntia dillenii

科属： 仙人掌科，仙人掌属

别称： 仙巴掌、霸王树、火焰、牛舌头

形态特征

生活型： 丛生肉质灌木

株： 高达3米

叶： 宽倒卵形、倒卵状椭圆形

花： 辐状，黄色，花丝淡黄色

果： 浆果倒卵球形，顶端凹陷

生态习性

国内产地： 广东、广西南部、海南沿海地区。

国外产地： 原产墨西哥东海岸、美国南部及东南部沿海地区。

生境： 喜阳光、温暖，耐旱，适合在中性、微碱性土壤中生长。常用扦插繁殖。

物候期： 花期6～10月。

文献记载

《海南特色野生果树、药材和观赏植物种质资源及利用》指出：仙人掌果实果汁多，味清甜，富含人体必需的蛋白质、维生素、矿物质、胡萝卜素等成分，可用于鲜食、酿酒或制成果酱、蜜饯……

药用价值

仙人掌味淡，性寒，具有行气活血、清热解毒、消肿止痛、健脾止泻、安神利尿的功效。

书籍参考

[1]《中国高等植物图鉴》
[2]《中国植物志》
[3]《中华人民共和国药典》
[4]《现代中药学大辞典》
[5]《海南特色野生果树、药材和观赏植物种质资源及利用》

椰子

Cocos nucifera

科属: 棕榈科，椰子属
别称: 椰树、可可椰子

形态特征

生活型: 乔木状

株: 高可达30米

叶: 羽状全裂

花: 单性，雌性同株

果: 球形

生态习性

国内产地: 华东南部及华南诸岛、云南南部热带地区。
国外产地: 斯里兰卡、马来西亚、印度、菲律宾。
生境: 适宜生长在高温多雨的低海拔湿热地区。
物候期: 花、果期主要在秋季。

✛ 文献记载

《本草纲目》记载： 椰子肉"甘，平；无毒""食之不饥，令人颜面悦泽"。椰子水"甘，温；无毒"。椰壳"能治梅毒筋骨痛"。

✛ 药用价值

椰子叶苞可有效防治某些妇科疑难杂症；嫩椰子水可有效消除生理性黄疸；嫩椰壳提取的汁液可治疟疾。

书籍参考

· · · · · ·

[1]《中国高等植物图鉴》
[2]《中国植物志》
[3]《海南植物志》
[4]《本草纲目》

生态素质
教育系列

中国植物猎人生存笔记

华南野果记

林石狮　罗　连　何卓彦　主编

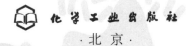

化学工业出版社

·北京·

内容简介

本书结合华南地区可食用野果的故事和古代典籍记载，构思出一个类似《千与千寻》的"神话桃源记"，将老师、学生和野果植物串联起来形成一个小探险，并介绍了华南地区常见野果的一些特征和趣味知识。

本书适合相关从业人员、学生、自然爱好者、生态志愿者等阅读参考。

图书在版编目（CIP）数据

中国植物猎人生存笔记：华南野果记/林石狮，罗连，何卓彦主编. —北京：化学工业出版社，2023.1
（生态素质教育系列）
ISBN 978-7-122-42446-4

Ⅰ.①中…　Ⅱ.①林…②罗…③何…　Ⅲ.①野果–华南地区–普及读物　Ⅳ.①S759.83-49

中国版本图书馆CIP数据核字（2022）第201166号

责任编辑：李　丽　　　　　　　　　　　　装帧设计：张　辉
责任校对：杜杏然

出版发行：化学工业出版社（北京市东城区青年湖南街13号　邮政编码100011）
印　　装：三河市航远印刷有限公司
850mm×1168mm　1/32　印张7$\frac{1}{2}$　彩插20　字数200千字　2023年7月北京第1版第1次印刷

购书咨询：010-64518888　　　　　　　　　　售后服务：010-64518899
网　　址：http://www.cip.com.cn
凡购买本书，如有缺损质量问题，本社销售中心负责调换。

定　　价：49.00元

华南野果记

中国植物猎人生存笔记

编写人员名单

主　　编	林石狮　罗　连　何卓彦
副主编	李钱鱼　李远航　苏洪林　洪晓红
编写人员（以姓氏拼音为序）	
	陈霖翰　丁明艳　何卓彦　洪晓红
	李钱鱼　李远航　林石狮　林晓雯
	罗　连　吴　杰　徐鹏钰　朱美娜
摄　　影	罗　连　林石狮　苏洪林　郭剑强
	凡　强
排版设计	洪晓红
插画设计	洪晓红　陈霖翰　徐鹏钰

前言

　　本书将漫画、故事剧情与图文并茂的科普知识点相结合，通过漫画的形式吸引读者，在故事的引导下，介绍对应的知识点，使读者在看漫画的同时，也读了故事，还能学到野外科普知识。

　　目前，关于野果植物的书种类较少，本书图片由编写组野外植物调查人员拍摄、绘制，力求做到科学、实用、生动、图文并茂，为有兴趣了解植物的读者们提供更多的乐趣。在野果记录上，给读者带来更多的探索性知识；在科普的路线上，读者在享受乐趣的同时也认识了更多的植物。

　　为了完成本书的编写工作，编写团队的人员付出了辛苦努力，朱美娜编写了第一章桃金娘、第二章余甘子、第八章悬钩子、第十三章榕属、第十五章洋蒲桃等故事；吴杰编写了第三章地稔、第四章野柿、第五章猕猴桃、第十四章山竹、第十六章水东哥等故事；徐鹏钰编写了第七章木通等故事；林晓雯编写了第十章盐麸木、第十一章油茶、第十二章东风橘等故事。感谢林石狮、李远航、洪晓红等老师提供了科普文案；感谢林石狮、罗连、郭剑强、凡强、苏洪林等老师提供了野果照片素材；感谢陈霖翰提供了每章的科普手绘插画。在此对所有关心、支持本书出版的各位同仁表示诚挚的感谢。

　　由于编者能力所限，书中难免有遗漏、不足、不当之处，欢迎广大读者指正。

编者

2022年10月

目录

开篇

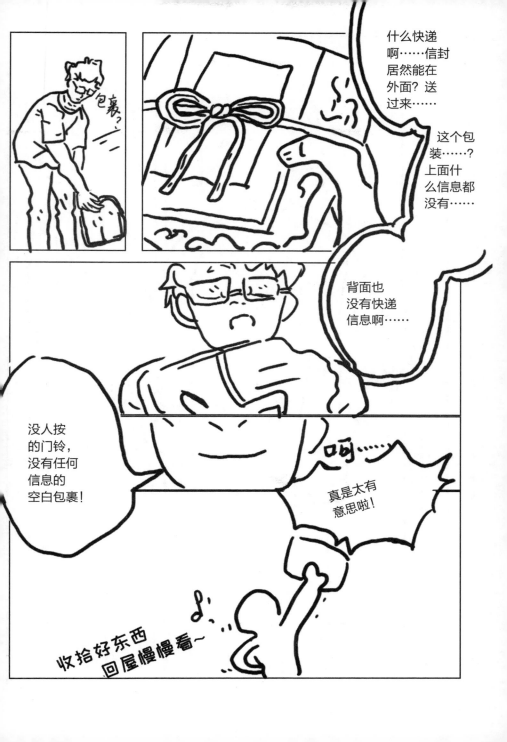

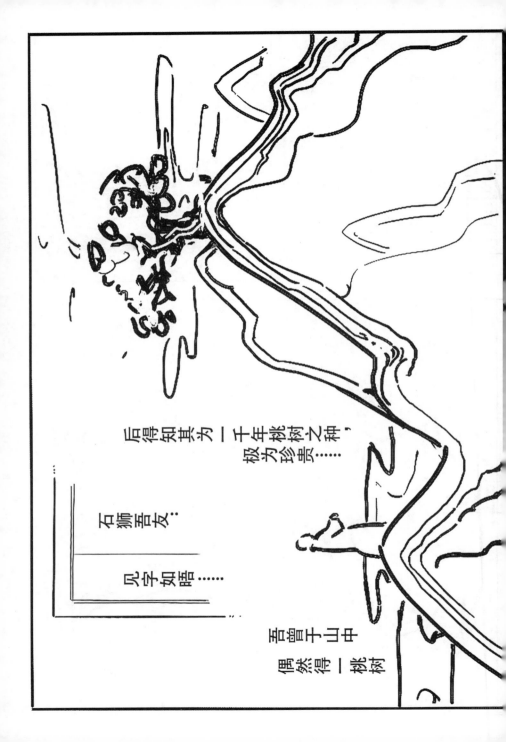

石狮吾友：

见字如晤……

后得知其为一千年桃树之种，极为珍贵……

吾曾于山中偶然得一桃树

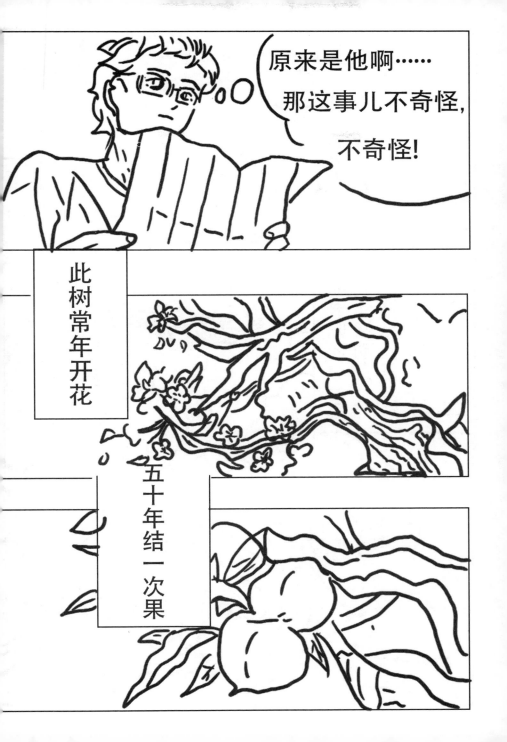

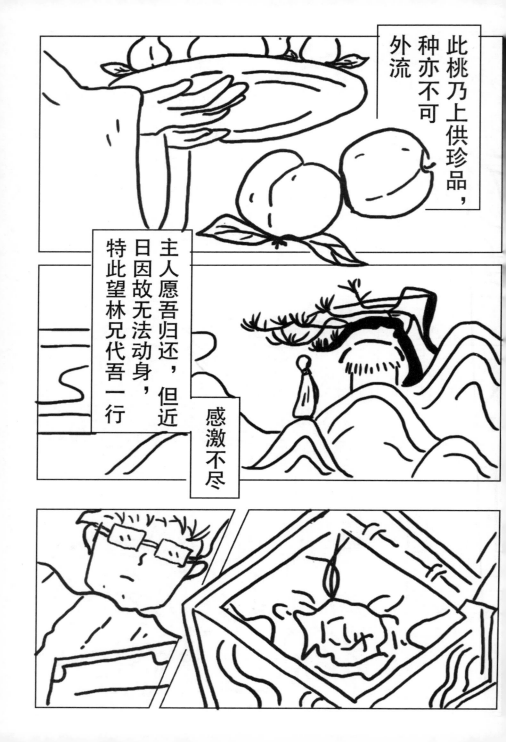

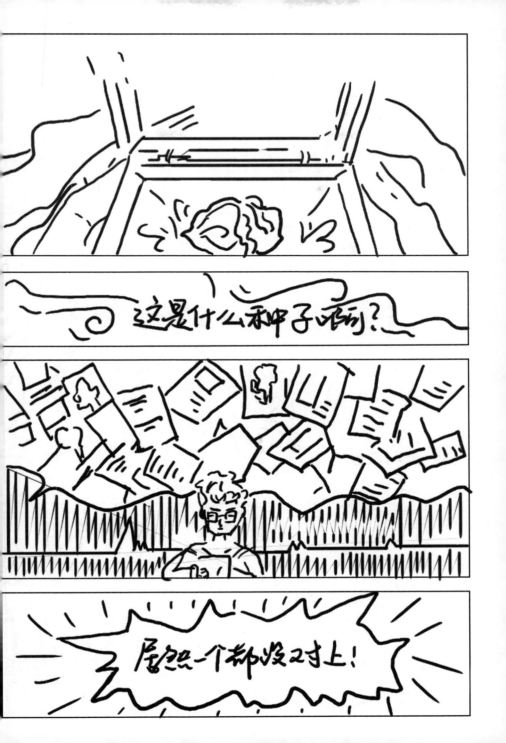

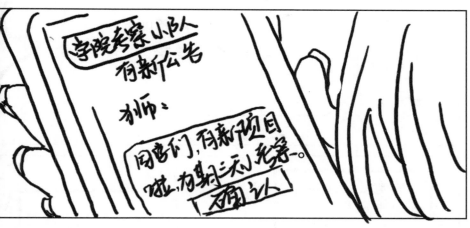

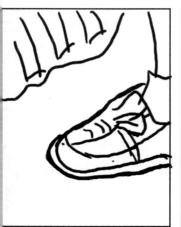

什么项目?假期
只有几天了······

所以要抓紧时间嘛。
哈哈,就在郊外的山
上收集一些植物资料~

要去多少人？

狮子

所有人都去！我还叫了罗罗老师，哈哈，争取弄点东西出来。

那感觉要带上标本夹、相机等工具，人和东西都不少。

小林师兄说的对！

那我们包一辆中巴或者大巴，哈哈哈，小林去跟学院汇报一下！

收到！

人物档案

狮子老师

职位：A市自然学院教师。

能力：鉴定植物种类，做野外科学考察。

个性：乐天派，对世界抱有强烈好奇心，对新鲜的事物接受得非常快。

口头禅：哈哈，这个有意思了！

狮子老师（狮子），讲授生物多样性方面的课程，是野外考察项目最多的老师之一。工作狂人，能够把工作当成追求和爱好，空闲时间也会自己找项目。狮子老师带队考察，幸运值满格，这可能和他出身的家族神秘力量有关……

罗罗老师

职位：A市自然学院教师。

个性：谨慎，比较胆小。

能力：辨认植物，熟悉植物的习性、用途、种植和养护。

口头禅：这个植物可以用来……

罗罗老师（罗罗），专门负责教植物方面的知识，不仅知道植物的名称和种类，知道怎么种，还知道怎么吃。

时常和狮子老师一起带学生外出考察，和罗罗老师在一起的时候大家总感觉靠谱很多呢，虽然，罗罗老师好像总是指不清方向而导致走错路……

小鹿

职位：A市自然学院大学三年级学生。

能力：板绘和钢笔速写。提前规避危险。

个性：非常"宅"，非必要不爱出门，除非为了画画。

口头禅：我饿了，好累呀！

小鹿（雅鹿），擅长画画，参加了很多比赛，包括电子绘画比赛，因为觉得出门写生带绘画工具太麻烦了，所以在外面若是一定要用纸和笔画的情况下，就用中性笔画。

到哪里都带着各种各样的零食。第六感很强，似乎有一些预知能力，能提前躲开一些危险，这也是她为什么经常参加考察的原因。

果子

职位：A市自然学院大学三年级学生。

能力：给植物拍照，做标本，记录要点。

口头禅：这个……我认为是……我的意见是…… 咦？原来如此。

个性：随和，热情活泼。

果子，学习成绩优异，是深受大家喜爱的学姐。喜欢毛茸茸的小可爱，对于拍照记录植物特征和做标本这两件事非常熟练。考察时必定带着相机和驱蚊水。
另外，还拥有变成一只探索猫的能力，可以在迷途中指引方向，同时携免疫保护罩10分钟，一天只能使用一次。很多次野外探险都靠这项能力拯救大家于水火。

小林

职位：A市自然学院大学三年级学生。

个性：热衷探索，做事周全。

能力：凡是在学校里学过的知识，都能够迅速运用，哪里有需要都能顶上。

口头禅：这个我会，但不是很精通。

小林（洪林），是各科老师们都评价很高的优秀学生，能把课本上的知识迅速实操运用，在一定程度上是全能型，做事情之前都会做好充足的准备，在遇到问题的时候总能成为团队的坚实后盾，但偶尔也会冒险。因为他非常喜欢摄影，所以一般负责摄影工作。

小雯

职位：A市自然学院大学二年级学生。

能力：专门研习治疗术，可以快速治好受伤中毒。

口头禅：又有新发现；别人努力，要比别人多努力百倍；努力一些，成果在望了。

个性：沉默安静，心思细腻，做事非常认真。

小雯性格沉默安静，但内心却喜欢探险和考古，虽然在做考察方面的能力并没有特别突出，但治疗课程的成绩却是年级前列。有她在，考察总是能更加大胆深入一些。另外她还拥有隐身的能力，不会惊吓到昆虫等小动物，因此经常也负责摄影，经验丰富。

徽音

职位：A市自然学院大学二年级学生。

个性：活泼治愈，擅长沟通。

能力：可以和自然界的动物以及植物精灵沟通，消除他们的戒心，从而变得友好。

口头禅：好，我们上；这是什么东西；今天是个睡觉的好天气！

徽音，家族带有精灵的血统。长着一双狐狸耳朵和一条狐狸尾巴，精灵们只要看见她的耳朵就会放下戒心，与其友好相处！如果闯入了陌生境地，真是能帮不少忙呢。她非常喜欢穿古装，并且拉上果子师姐和罗罗老师组成了同好会。神奇的是加入同好会后，就算出野外穿古装也完全不会妨碍做事！据一些小精灵说，似乎在她身边能感受到应龙的气息。

余月

职位：A市自然学院大学二年级学生。

个性：温和，冷静。

能力：发明、动手能力很强，能制作各种神奇的道具。

口头禅：随便吧；做该做的事情；我们来一起。

余月在学校也基本是埋头研究道具，喜欢稍微帅气一点的穿衣风格，进行野外考察时会带一个复古手提箱，里面装满了各种让人意想不到的神秘道具，简直不能弄懂到底是怎么做出来的，堪称百宝箱。能让野外考察的生活条件迅速提升。

在野外也很擅长发现各种大家容易忽视的宝物，并且能够随时根据条件做出有用的道具。

小瀚

职位： A市自然学院大学一年级学生。

能力： 可以将想画的东西快速地在纸上生成画面。

个性： 对一切事情都不怎么在意，除了创作。

口头禅： 这个我感兴趣，我来画一幅；放心，我已经完成了。

小瀚（霖瀚）热爱绘画，能力是可以将眼睛看到的东西一次成像变成画作，并且不用任何其他的工具（这个能力真是让小鹿师姐羡慕啊），基于此等出色的能力，即使小瀚的入学时间并不长，也获得了相当多的出野外的机会。平时好像除了画画，他对一切事情都无所谓的样子。他随身带着一只名叫小蒿的松鼠。

※ **小蒿**
一只可爱的金花松鼠，拥有和人沟通的能力，同时也能与动植物的精灵沟通，和小瀚形影不离，喜欢吃零食。

十二

职位：A市自然学院大学一年级学生。

个性：平时沉默而慢热。对感兴趣的事情会变成话痨。

能力：戴上眼镜后会进入飞速思考模式，想出解决办法。

口头禅：我可以的；我能够做到；你好像还没回答我的问题。

十二平时是个慢热的人，一般不怎么说话，但一聊到感兴趣的事物就像打开了话匣子，可以滔滔不绝地讨论，而且说得都很有见地。他平时随身带着记事本和一副眼镜，笔记本上写满了各种一般人不会想到的神奇要点。通常不戴眼镜，戴上眼镜之后大脑能飞速运转，想出办法解决当前的问题，但随后会陷入沉睡，因此轻易不戴，目前在野外考察项目中，以小林师兄为目标，全面学习各类技能。

野外植物

外 调查器材

植物

放大镜

一个小的就够了，主要用于观察植物的各种细微结构。它可是研究苔藓植物类群的科学家必备的玩意儿。

小知识

作者不知道从哪里顺来的野外专用放大镜，外包一圈塑胶，摔来摔去都不怕，厉害了。

望远镜

用于观看远处的植物，特别是隔着峡谷间一条河，看对面开的是什么花，或者看高的树，叶子是什么样子。在热带森林里会时常用到。必要时，是要用攀树绳的。

小知识

可以查查"攀树师"这个词，还有热带雨林中的"林冠附生植物"，打开新世界大门。

植物标本夹

两个木架加四条绳子，中间夹着利于吸收水分的黄草纸，采集回来的植物标本在整理形态后，就层层压在纸张中进行缓慢干燥。在制作植物标本时，黄草纸每隔1～2天需要换新的干纸，旧的纸拿出去晒太阳，我们时常将黄草纸铺满整个院子。

小知识1

植物标本缓慢地干燥有个好处，在换纸时，如果看着植物形态不漂亮，还可以进一步整形，扭来扭去。而且有时候，我们会觉得这样做出来的植物标本颜色会保持得比较好。

小知识2

必要时，可以直接用报纸！然后上面压2本厚厚的《中国植物志》即可！（进行植物调查时遇到连绵的雨天……）

▮▮ 小刀

用于切开果子，然后拍照，注意可以横切、纵切。

小知识

有了这把小刀，在山上不管遇见什么果子都想将其切开，尝尝味道。

▮▮ 镊子

多种用途，比如可以在采集到花时，用镊子将新鲜的花解剖开，摆好并拍照。

小知识

处理花的时候就知道它的好处了。如果被刺扎了，就更知道它的好处了！

相机套装

最初需要一个普通相机，后来就需要高档相机，需要百微镜头，需要闪光灯，需要反光板。有了它，你会发现有时候山上1天，走了2千米，拍了10个植物。

一块黑布

猜猜是用来干什么的？用于拍植物时做背景，还可以将其铺在地上，把花解剖开，整齐摆好后拍摄！

植物拍照用途说明：

×××××××
×××××

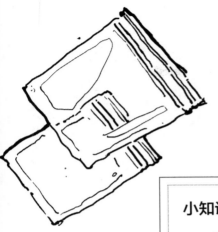

密封袋

　　各种用途，比如采集某些娇小植物后需要装入密封袋；比如装硅胶＋植物分子标本；比如想带回来种的植物（注意：不可以采集珍稀濒危植物回来种）。

小知识

　　下暴雨时，第一时间拿出来套住手机、相机，还能隔着密封袋使用手机。

硅胶

　　采集植物的分子标本时使用，用于干燥叶子。

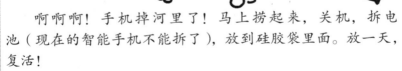

小知识

　　啊啊啊！手机掉河里了！马上捞起来，关机，拆电池（现在的智能手机不能拆了），放到硅胶袋里面。放一天，复活！

　　相机同上处理。

▌▌植物标签

必备物资！采集植物后一定要做好记录，马上要挂上标签。不然晚上就可能会记不清，我记得这个是在河边采的？高海拔？

总 结

植物标本是非常重要的档案，也是各个植物分类学科研单位的"核心资产"。

根据国际植物命名法规规定，在一个植物新种发表时，会指定一份或若干份"模式标本"，模式标本是新名称的实体凭证材料，它也是植物分类学中重要的研究材料。

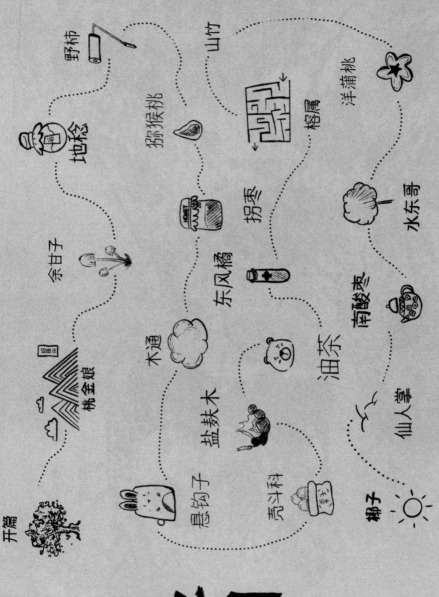

地图

开篇

桃金娘

野柿

地毯

余甘子

木通

悬钩子

猕猴桃

东风橘

盐麸木

壳斗科

椰子

山竹

拐枣

榕属

油柰

南酸枣

仙人掌

洋蒲桃

水东哥

招摇山

第一章

桃金娘

一

一道白光闪过，众人被传送到未知的地域，远处天上忽现一只鸾凤嘶鸣，四方鸟儿飞舞随行于其后，得见鸾凤盘旋于天，众人被天上的奇异生物所震惊后，定下心神开始打量所处环境。

只见群山半壁云雾缭绕，宛如仙境，刹那间云消雾散，露出峭壁嶙峋，遥望远处恰似《淮南子》中"天倾西北，地陷东南"的景象。山林古木高耸入云，林丛鸟鸣清脆，溪涧流水潺潺，若无之前所见景象，倒似误入原始森林般。环顾林间乱草丛生，小径布满石砾、青苔，满目萧然，遥望小径一路向下，淹没在满满杂草中。

"这是什么地方，为什么会到这里？"十二师弟诧异不已地问道。

"狮子老师，罗罗老师和师弟、师妹们都不见了。"果子师姐探查周围，发现原本十人团队中只剩五人，她往树林里喊了几声，但都没有得到回应。

"奇怪，他们会跑到哪里去呢？"余月看着眼前的树林陷入沉思。

"别慌，现在处在山峰顶端，只要沿着溪流和小径下山肯定能找到他们，罗罗老师和洪林野外调查经验丰富，肯定不会有问题的。"狮子老师安慰地说道。

"可食物不够吃呀！我只带了些坚果能量棒和水果麦片，撑不过几天的。"徽音郁闷地说道。

"没事，这山林这么大，只要有认识的植物就不怕被饿到，学习植物专业的人，走到哪就吃到哪。"狮子老师说道。

"那我来探路吧！"果子师姐摇身一变，变成一只挂着璎珞、背着相机的大橘猫，大橘猫嗅了嗅前面几个岔路口，扭头向众人喵喵几声，众人随着猫的脚步朝着小径小步慢行。

二

"快看，前面是什么？"穿过树林后，拨开拦路的藤蔓和枯枝，前方忽现一片泛着青紫光芒的树林，如同误入妖精森林一样的景象。放眼望去，人类站在这片树林下，如同蚍蜉撼树般渺小。

随着一阵咔嚓咔嚓的声音传来，附带着树枝被折断的声音，似乎有什么生物从头顶的树冠上滚落下来。两个紧紧抱着对方，胖乎乎、圆碌碌的奇怪生物滚落到众人面前，像是某种植物果实却似人的模样，身着葫芦扣圆领紫袍衣，头戴花瓣状小冠。

这两个生物呆滞在原地瑟瑟发抖，狮子老师连忙举着放大镜向前观察这两个生物，嘴里啧啧称奇："头一回见到这样的，不知道是植物还是动物，要是能留下照片和记录，可真是太难得的事了。"

"看起来好像葡萄，不知道好不好吃呢？"徽音眼巴巴地盯着说。

"快看，它们在发抖，是不是被吓到了？"余月说道。

"请别吃我们，不好吃的。"两个带着哭腔的声音异口同声说道。

"居然会说话，你们是什么生物呀！这里是哪？"十二问道。

"此地是招摇山，人类喊我们作翁果或山稔，桃金娘姐姐找不到我们会难过的。"两个山稔眨巴着眼睛望着众人。

"桃金娘又称山稔，所以你们是桃金娘，这里的植物该不会成精化妖的，那岂不是没食物来源了。"果子师姐忍不住说道。

树上突然垂下来一条藤蔓，一个穿着长裙的小姑娘一手握着藤蔓从树上滑下来，一手持着花枝指着众人说道："人类，赶快放开吾弟，若是敢伤了他们，定要尔等好看。"

"你是桃金娘精灵吗？我们没有想要伤害你弟弟，只是好奇他们的样貌。"余月连忙解释道。

两个山稔急忙躲到桃金娘精灵身后去，又好奇地探出头来望着众人。桃金娘精灵诧异地说道："自共工怒触不周山，天柱折，地维绝之后，已有好长一段日子没有见到过人类了，汝等从何而来？"

"只有你是人形吗？"狮子老师好奇地打量着面前的桃金娘精灵。

"吾等与百花仙子手下的花精草灵不同，乃是西王母麾下的生灵。只有受到庇佑才能化为人形。尔等来此所为何事？"桃金娘精灵说道。

"我们迷路在此地，想搜寻些食物充饥。"徽音盯着桃金娘精灵说道。

"在招摇山有味草，名曰祝馀，人食之不饥，道家常用其炼丹辟谷。吾可与汝等交换，助吾一事即可。"桃金娘精灵瞥了一眼，示意众人与她一同前往。

三

随着桃金娘精灵的脚步，众人攀爬到树丛中，在被浓密树冠掩盖的隐秘暗处悬挂着个个像是灯笼的果子，狮子老师仔细看着四周，诧异地说道："这不是桃金娘的果实吗？"

"小时候和玩伴经常吃这个，小孩子吃得快，懒得剥皮，只好像葡萄一样先吃再吐皮出来，不光满嘴都是紫色，连舌头和牙齿都被染成了紫色，衣服上也总染着大大小小的紫渍。"十二说道。

"咦，居然是直接吃的，桃金娘难道不是用来泡酒的吗？还能晒成果干、制药，前些时候还用过桃金娘精油做香薰，微醺的气味中带着一股甜香。"果子师姐说道。

桃金娘精灵摘下几枚果递给众人，目光盯着众人说道："是，也不是。相比吾等来说，它们只能算食物。没有灵智，不会言语，无法动弹，但确也算是桃金娘。吃吧！"

两只小小翁果各自拿着叶子盛一捧水，到悬崖边露出金属色的土壤边倾倒，每倾倒一捧水，土便会多增半寸。

"那是什么？"余月问道。

"息壤者，言土自长息无限，故可以塞洪水也。自遇水患后，为扼制人间生灵涂炭，故命吾等于此看守水精，并以息壤镇之。然岁久时长，凭吾等薄力难以压制，昔日人禹以息壤堙洪水，今有汝等可助吾等。"

"我们都是凡人，如何移动得了息壤。"果子师姐震惊说道。

狮子老师查看了地形后说："如果不能移动，能否将水引入息壤中。用农业排水的方法，刚好是个悬崖边，能否弄成地面径流，坡度在0.1%～0.3%，保证水能够从地面顺畅地流到息壤侧面。"

"那就看我的百宝箱吧！出来吧！自动式工兵铲，动手开始。"余月拿出需要的工具开始挖掘地面。

最后一道地面被掘开，水流慢慢涌出后，旁边的谷底在慢慢升高。"我们成功了，太好了。"众人开心地说道。

桃金娘挥了挥手，地面铺了一片翠绿的叶子，上面几个白瓷描花的瓷盘放着祝馀草和桃金娘果实。"这是给尔等的馈赠，夜色快要降临了，若要下山的话，离此地最近的是余甘子的领地。通过荧菇的光源识路辨踪，沿着有荧菇生长的路向山下走即可到达，诸位路上小心，吾等有缘自会相会。"

知识小问答

老师，老师，桃金娘这么好听的名字的由来是什么？

哈哈哈，其实这个名字的由来是有一点乌龙的，传闻古代有一个逃兵逃进了一个山洞，在山洞里面找到了这种野果，靠这种果子存活了下来，从那以后人们把这种果子叫作"逃军粮"，最后口口相传就演变成雅称桃金娘了。

老师，桃金娘在古代有记录吗？最早出现桃金娘是啥时候？

有的，不过最初不叫桃金娘，叫多南子，三国时期东吴的沈莹写了一本叫《临海水土异物志》的著作，里面提到"多南子，如指大，其色紫，味甘，与梅子相似。出晋安"。这多南子就是桃金娘了。

桃金娘

Rhodomyrtus tomentosa (Ait.) Hassk.

科属： 桃金娘科，桃金娘属

别称： 香桃木、山菍、豆稔、多莲、岗棯

形态特征

生活型： 灌木

株： 高达2米

枝： 幼枝密被柔毛

叶： 对生，椭圆形或倒卵形

花： 长梗，常单生，紫红色

果： 浆果，卵状壶形

生态习性

国内产地： 台湾、福建、广东、广西、云南、贵州及湖南最南部。

国外分布： 中南半岛、菲律宾、日本、印度、斯里兰卡、马来西亚及印度尼西亚等地。

生境： 丘陵坡地，为酸性土指示植物。

物候期： 花期4~5月，果期7~8月。

文献记载

《花镜》记载： 金丝桃一名桃金娘。出桂林郡。花似桃而大，其色更赪，中茎纯紫，心吐黄须，铺散花外，严以金丝。八九月实熟，青绀若牛乳状。

《岭表录异》记载： 食者必捻其蒂，故谓之倒捻子，或呼为都捻子……其子外紫内赤……食之甜软，甚暖腹，兼益肌肉。

《海漆录》记载： 桃金娘子活血、补血，研滤为膏饵之，又止肠滑。

药用价值

桃金娘全株在活血通络、收敛止泻、补虚止血等方面具有很好的药用功效。

书籍参考

[1]《常用中草药手册》
[2]《台湾药用植物志》
[3]《广西中药志》
[4]《中国植物志》

第二章

余甘子

一

沿着生长荧菇的山路慢慢向下，渐弱的天光下，桃金娘林与沿途的山林差异极大，若非地面上一个个闪烁着荧光的菌菇，则难以让人察觉已来到另一个世界。若说桃金娘林是一块被掩埋于山林间的紫晶，那这里就是嵌入地中的孔雀石，沿途的菌菇气息渐渐被一股浓郁的带着酸涩气息的果香掩盖，让人闻之疲惫全消，头脑瞬间清醒。

随着路途渐渐明晰，眼前的余甘林中树叶由上至下地层层遮盖，如同一把把华盖遮住逐渐昏暗的天光，晚风开始"呼朋唤友起来"，整个余甘林中的温度慢慢地下降。

"天色越来越暗了，今晚之前必须找到余甘子领地才行。大家加把劲，继续向前走。"余月说道。

"这时间和手表上的时间对不上，按理讲现在应是早上六点，天已经蒙蒙亮，但这儿的天色越来越黑，路也越来越难走了。"十二一脸疑惑地说道。

"这个世界本身就和我们的世界不同，我一直在注意时间变化，进山前的时间是二月二号，当遇到桃金娘精灵时是二月三号，可桃金娘的果期是在七月至八月，这中间相差了几乎快半年的时间。"狮子老师说道。

在众人分析时间差异时，突然面前繁茂的枝叶中有个小脑袋冒了出来，一片余甘叶搭在那个小脑袋上，有点难以形容的憨态，只见他趴在一根高枝上好奇地打量着众人。与前两个桃金娘小人不同，他有着淡翠色的头发和眸，肉乎乎的包子脸，莲藕般的小胖手正扒拉根枝条往嘴里塞。在众人的注视下，他似乎失去了对枝条的兴趣，小胖手捂了下嘴，打了个哈欠，在树上懒洋洋地说："吾是这片领地的精灵，尔等前来为何。"

"因下山路途需要休息，桃金娘和我们说，能够前往这里，请允许我们在这里驻扎。"徽音说道。

"驻扎休息可以，但近期有蚜虫时常出来觅食，袭击吾的本体，以至于化身常出现红肿的鼓包。若要借宿，待蚜虫觅食时，需助吾击退蚜虫群，并前往潮泽中的花海请吾的友朋瓢虫胖小前来助吾。"余甘子气鼓鼓地说道。

"我们能打得过蚜虫们吗？虫子什么的真是太可怕了。"徽音心有余悸地说道。

"没事，毕竟天色已晚，当前最要紧的还是找地方驻扎休息，虫子什么的应该不会很难对付。"余月若有所思地说道。

"吾的领地在前方，那儿有一大片的油柑果已熟，汝等可取用食之。桃金娘姐姐性情寡淡，不知为何会让尔等前来助吾。天意如此，那便走吧。"

余甘子小人从树上翻了下来，慢悠悠地迈着步伐，带领众人前往油柑林。眼前出现一座苍色的府邸，府邸旁是一株巨大的余甘树，羽翼般的枝叶在山岩旁肆意伸展着。周边生长着茂密的余甘林，荧菇扎根在其中零星点缀般生长着，照亮了整片林丛，枝头挂着一颗颗余甘子，在夜色下似乎有玉的质感。

"进来吧，吾这里没有汝等适用的食物，无法招待各位，只有些油柑可供尔等食用。但可在此地驻扎，明早便要击敌，今夜好好休息，众位晚安。"余甘子精灵一步一步迈着走进了他的房间。

"没想到，余甘子精灵竟然是这么萌的小崽崽的模样，说话装得像是个成熟的大人。"果子师姐说道。

"对啊，对啊，就和油柑果一样，圆乎乎、肉嘟嘟的，看起来手感可好了。"徽音在一旁附和道。

"先别想其他的了，快来帮忙绑绳子搭帐篷，再不搭好，等我们吃完晚饭天就亮了。"余月急忙说道。

二

随着众人扎起帐篷，时间也慢慢地流逝，转眼间天色已晚，大家忙碌了一天后，睡意随之弥漫开来。于是在确定周围没有危险后，大家忍不住困意的催促，纷纷踏上梦的旅途。

清早天已然露出明亮的光，林丛中的荧菇似乎也陷入了睡梦中，时不时发出些微弱的光芒，林外鸟儿唧唧喳喳地吵闹着，而帐篷里的人们还在沉睡。一只蠢蠢欲动的小胖手忽然揭开帐篷的遮光窗帘，一道刺眼的阳光穿透进帐篷内，大家都被惊醒了。

"该起了，蚜虫们要前来攻击了，起来、起来，汝等给吾起来。"余甘子精灵拉开帐篷入口处拉链的一个小口，穿着青碧色圆领袍的小胖墩，钻进来扯了扯大家的睡袋，扒拉了一下果子师姐的眼罩。

大家在这接二连三的动作下都纷纷清醒起来。

"早啊！余甘子精灵，你怎么会在这里？"十二师弟惊呼道。

"吾来叫汝等起身，方能守卫吾的本体，汝等洗漱一番后，快快与吾一同前往，蚜虫们将至。"

"蚜虫具体是什么样子的呢？我们能打得过蚜虫吗？"余月说道。

"没事，打不过的话，那就只能走为上策了。"果子师姐煞有其事地在一旁说道。

"希望这些蚜虫长得让人赏心悦目些，不然就别怪我下狠手了。"徽音一脸气愤地说道。

"原来昨夜看到那株巨大无比的余甘树是你的本体，

看不出来呀，小小的你本体居然这么巨大。"十二师弟惊叹道。

"尔等识物之能所差非常人能及，此乃家翁，在此地已生长万万年，那才是吾的本体。家翁已前往柳李公领地祝寿。"余甘子精灵指着树上一颗硕大的余甘子说道。

"原来还是小宝宝，也难怪。给你吃吧！"徽音看了看面前三头身大小的余甘子，塞给他一根坚果能量棒。

随着一阵索索声传来，草地上冒出三两只青绿色的生物，似圆非圆的身躯，像是一粒粒软糖在草地上滚动着。

"快看，好可爱啊！这是不是异界版的史莱姆，看起来像是菱形的青提一样。"果子师姐好奇地凑前去。

"不对，它们还长着脚，别过去，那是什么？"十二诧异地望着前面索索前行的生物。

"尔等还在作何？大敌当前，快快驱赶它们。"余甘子一边鼓着腮帮子用力咀嚼着嘴里的坚果，一边口齿不清地指挥着众人。

在一阵费力驱逐战后，双方都僵持在原地不动。

"能否把它们装起来？待我从背包拿出网来。"余月说道。

"那就把它们都装起来吧！"果子师姐说道。

透明的尼龙网网住了一只只蚜虫，挨个地垒在一起，四脚朝天的样子让余甘子精灵捧着肚子哈哈大笑。

"吾甚悦，尔等前往潮泽中的花海，请吾友瓢虫胖小前来助吾治理虫害。"余甘子精灵望着蚜虫高兴地说道。

"余甘子精灵的好朋友居然是一只瓢虫，这奇特的友谊关系。"果子师姐说道。

"等等，到了潮泽后，要如何才能找到瓢虫呢？"余月疑惑道。

"在潮泽深处的湖泊内一株紫辛夷正在盛开，汝等可沿着溪流，向着长有玉草的方向前往。"余甘子说道。

"紫辛夷，紫玉兰吗？"狮子老师若有所思地思考着什么。

"既然如此我们就出发吧！"十二师弟说道。

三

大家一边寻找着道路，一边观察着沿途的环境，时不时说些话，给平淡的路途中增添点气氛。"瓢虫为什么会叫胖小这个名字？我感觉余甘子更符合这个名字呢。"徽音疑惑说道。

"可能那只瓢虫才是真正的胖乎乎的吧！"余月说道。

"老师，快看，那是不是我们要找的地方。"十二师弟指着前面湖泊中央的紫辛夷。

"那我们要怎么过去呢？"果子师姐眺望着水中的

紫辛夷。

"别担心，等我把船拿出来，就可以去找瓢虫胖小了。"余月边说边从戒指中取出一艘船来，载着众人飘飘荡荡前往胖小的居所。

"胖小，在家吗？"大家走到这株巨大的紫辛夷旁，敲着花苞问道。

只见一只圆碌碌的瓢虫慢悠悠地爬了出来，头顶上两根触须开开合合的，像是在和人打招呼一样。"是谁在找我，你们是谁？"

"是你的朋友余甘子精灵让我们来找你的，他的领地出现了蚜虫，需要你过去帮忙。"众人异口同声地说道。

"原来是那个总是喜欢学爷爷说话的余甘子精灵找我，那我打包行李和你们过去。走吧，让他等急了，要哭鼻子的。"

"余甘子精灵在吗？我们带着胖小回来了。"果子师姐喊了半天，没有任何回应。

大家发现事情不对劲，连忙向前跑去，瓢虫胖小拖着有他身躯一半大的包裹慢吞吞地挪动着脚步。

走在后方的十二师弟实在看不下去了，便抱起这只瓢虫和包裹，急忙上前追赶已经落下好长一段路程的众人。

瓢虫胖小一边紧紧拽着自己的包裹，一边感叹道："慢点、慢点，我有点晕。人类的速度真是越来越快了，让我虫有点不知所措。"

只见眼前一片绿莹莹的果冻状蚜虫堆叠在一起，垒出一层小高塔的模样，像是包裹着什么，从绿色的果胶状物体中隐隐约约看出余甘子精灵的身影，蚜虫群正在蠕动着身躯朝着一个方向走。

狮子惊叹道："第一次见到这种场面，蚜虫居然搬运食物，简直和蚂蚁饲养蚜虫，作为它们牧场的奶牛的行为一样让人惊讶。"

"别发呆了，蚜虫们要把余甘子带走了，我们要怎么办？蚜虫怕什么？农药？火烧？"余月连忙追问。

"农药应该不行吧？余甘子也是植物的一种，万一药倒了怎么办？"果子师姐急忙阻止。

"如果不能使用化学手段，那我们能不能采用冷兵器，余月取些武器，我们冲啊！"徽音气鼓鼓地说道。

"余月，把上次吸引夜蛾的黄色板子拿出来，蚜虫对橙黄色和正黄色都有较强的趋向，用来吸引蚜虫的注意最好不过了。果子拿出银灰色的塑料袋撕成条状，把蚜虫群包围起来。徽音你趁着果子包围蚜虫的时候，把那只余甘子精灵拖出来。"

在众人的一番忙碌下，余甘子终于从蚜虫群的包围中脱身而出，而蚜虫也被黄色板子和塑料所吸引住。这时十二也随之赶到，怀中还抱着一大只瓢虫胖小和他的大包裹，气喘吁吁地问道："处理好了吗？这么快？这只瓢虫真的没有取错名字。"

瓢虫胖小挣扎着说道："放我下来！快放下来！我要拿药给他！"

在服用药物后，余甘子慢慢地清醒过来，看到瓢虫胖小的时候，呜呜地哭着："他们都欺负我，把他们抓去熬药吧。"

众人帮助余甘子获得胜利后，余甘子也和大家成为了朋友，大家跟随着余甘子和瓢虫胖小应邀前往悬钩子姐妹的宴会。

"尔等记得要紧跟在吾身后，开宴布席前，鸟兽精灵皆外出寻找食材，莫要到时变成锅中餐点。"余甘子奶声奶气地说道。

"这么危险吗？那我们到时要是见到不对，就立刻抱走你们这两只胖崽，快跑！"徽音盯着前面拿着穗子草戳着花朵的瓢虫胖小说道。瓢虫胖小对身后的目光一无所知，仍然拿着穗子草一戳又一戳，戳着酷似广玉兰的花骨朵。

"谁是胖崽，吾怎么可能胖，吾是森林中最圆润、最硕大、最甜的果子。哪像人类瘦巴巴的，啥也没有，哪里能好看。尔等既没有像动物一样光滑的皮毛，又没有精灵这样漂亮的翅膀。"余甘子气得脸蛋鼓鼓的，双手叉腰，一脸不屑。

　　"余甘子最可爱啦！来吧，可爱的余甘子带我们前去参加宴会吧！要走哪边呢？"果子师姐悄悄和大家对了对眼神，上前拉了拉余甘子的小胖爪问道。

　　"路在眼前，所见即得。顺着溪流中的落叶残花而下，便能到达悬钩子的领地了，快出发，尔等还需准备食物呢！"话音刚落，余甘子便上前把瓢虫胖小牵走了。

知识小问答

余甘子

老师，请问一下吃余甘子，后来感到的甜味是怎么来的？

这个问题就比较有趣了，回甘的原因是余甘子富含多酚。多酚这种神奇的物质会跟口腔黏膜中的蛋白质结合，形成一层不透水的薄膜，口腔肌肉因此收缩发紧，产生涩感，而一段时间后，这一层薄膜逐渐破裂，口腔肌肉恢复了，生津回甘的效果就出现了。这也是余甘子名字的由来。

老师，余甘子是不是可以加工成凉果，这样做会更好吃呢？

有些水果是可以二次加工的，余甘子就是其中一种。至于会不会更好吃就看个人口味了，加工后的余甘子会减少那种酸涩的味道，变得更甜，也可以更长时间地保存。

余甘子

Phyllanthus emblica Linn.

科属： 大戟科，叶下珠属
别称： 米含、望果、木波

形态特征

生活型： 乔木

株： 高达23米

枝： 具纵细条纹

叶： 纸质至革质，线状长圆形

花： 聚伞花序

果： 蒴果呈核果状，圆球形

生态习性

中国云南： 在三江两岸和小流域的干旱河谷地区，极喜光，耐干热、瘠薄环境。

中国广西： 垂直分布多在海拔500米以下的低丘。

余甘子生长于海拔200 ~ 2300米山地疏林、灌丛、荒地或山沟向阳处。

物候期： 花期4 ~ 6月，果期7 ~ 9月。

文献记载

《唐本草》《海药本草》记载： 余甘子"味苦酸甘、微寒、无毒"。

《图经本草》记载： 余甘子最早来自印度，庵摩勒为古梵语音译，意译为"无垢果"，无垢即为圣洁，古印度僧侣将其尊为"圣果"。

《琼台志》记载： 余甘状如龙眼而差扁，回味如橄榄。

《本草拾遗》记载： 取子压取汁和油涂头，生发，去风痒。初涂发脱后生如漆，可用于生发、黑发。

《本草纲目》记载： 余甘果主治风寒热气、丹石伤肺等症，可解金石毒，并有久服轻身、延年益寿等功效。

药用价值

余甘子可降血脂、降血压，也具有抗炎、抗菌的作用，还拥有较强的抗氧化活性，因此，它具有很强的抗衰老作用，是减脂和抵抗衰老的天然物质之一，被称为"生命之果"。

书籍参考

[1]《本草纲目》

[2]《中华人民共和国药典》

[3]《唐本草》

[4]《海药本草》

第三章

地稔

一

　　众人受某种神秘力量的影响而分散成了两组，又疑似被传送到林中秘境的最顶端，等待他们的究竟是有趣的异世界还是无法生存的绝境呢？

　　"大家都没事吧？"罗罗老师问道。

　　"没事。不过这究竟是什么力量可以实现瞬间移动呢？"洪林说。

　　"还好。"雅鹿说。

　　"无事。"小雯师妹说。

　　"还好还好。"霖瀚说。

　　大家一看，正好是罗罗老师带着四人。

　　"我包里的干粮应该够大家吃一周左右，也就是说我们要在这段时间内想办法离开林中秘境。"罗罗老师说。

　　"不过用我的能力可以再找些野果顶一顶，这虽然不是地球，但是总体环境像是热带雨林，应该可以找到吃的东西。"洪林的能力是在野外可以寻找食物且方向感极强。

　　"哈哈，那就是可以再在这里多玩几天喽。"霖瀚说道。

　　"师弟，你是不想去上学吧，总体来说我们现在的处境还是不容乐观的。"雅鹿说。

　　"先出发吧，天无绝人之路。"罗罗说。

洪林规划了基本的路线，目标是走出林中秘境。一行人来到一片遍满地稔的草地中。

"这是什么果子？感觉小时候好像见过，小嵩，去探一下。"小嵩是霖瀚师弟的宠物，是一只会说话的松鼠。

"地稔，地稔。"小嵩向地稔丛闻了闻说道。

"看来这里确实是存在地球生物的。"罗罗老师说。

"地稔是非常普通的野果之一，基本在野外随处可见，记得小时候在老家经常跟小伙伴摘这个吃。"洪林说。

"噢，原来这个是可以吃的，小时候见到一直以为是有毒的。"霖瀚说。

"一样。"小雯师妹说。

就在众人讨论间，忽然在地稔丛中传来一阵骚动。

二

"唔，唔，唔。"只见一群小精灵从地稔丛中跳出，形态与地稔果子差不多一样，但是头顶长着一朵小花，没有四肢，只有一双大大的眼睛。

"好可爱啊，这就是这个世界的生物吗？"小雯师妹发出惊叹，众人都被这个奇异世界的居民深深地吸引。

"唔，唔。"小精灵们围在众人身边，发出属于他们的语言。

"这么说你们是来自异世界的生物？"小嵩貌似听得懂他们的语言。

于是罗罗老师与地毯精灵对话起来。

"我们叫地毯子，是居住在这片地毯丛的生物，因为长年居住，所以也长得跟地毯相似了。"

"你们好呀，我们是误入林中秘境的异世界人类。准备走出林中秘境回到原本的世界。"

"这样啊，那你们带些果子路上吃吧，我们存库还有很多。"

"那真是太感谢了。"

就这样，一行人收获了一大袋地毯果子。

##

"原来这果子是这个味道的，酸酸甜甜的。"霖瀚说。

"这地毯果还有解毒消肿、去湿气的功效。南方的孩子也因为这点而喜爱这种野果，可以去其身上的湿火。"罗罗老师说道。

"地毯也是生命力非常顽强的植物，对野外环境适应性很强，所以我们在各种野外都能找到它们的身影。"雅鹿说。

"我记得这个还可以拿来泡酒，小时候家里种植过，成熟之后就采摘拿去泡酒了，味道很不错，有一种特殊的果香味。"洪林说。

"是的，有人会拿地稔果去泡酒，那果香味是其发酵后散发的天然香味。地稔的根也可以拿来入药，可以治疗肠胃疾病。"罗罗老师补充说道。

"原来这小小的果子还有这么多知识，学到了。"霖瀚一边说着，一边记载关于地稔的小知识，还顺便将今天所遇到的地稔子画了出来。

一行人与地稔小精灵的相遇就在饱食一顿地稔果子大餐后结束了，他们的旅程仍在继续……

知识小问答

老师，地稔果子味道很好，为什么市面上却很少看见？

现在地稔已经在种植推广了，不过主要还是药用，果农们不会冒险种植市面上没有的新果子。还有一点就是虽然野外很多野果味道是很好的，但是人工培育过程可能会出现很多问题，所以要在市场上让一种野果大面积出现是比较难的。

地稔也是桃金娘目的植物，是不是桃金娘目很多植物的果实都是可以食用的？

对！桃金娘目有不少种的果实是浆果，部分还挺好吃。有一些该科的植物还被培育成优良的热带水果，比如蒲桃属就有两种水果很好吃，圆圆的水蒲桃，梨形的洋蒲桃，洋蒲桃中还有不同品种，比如个头很大的黑金刚莲雾。

地稔

Melastoma dodecandrum

科属： 野牡丹科，野牡丹属
别称： 乌地梨、铺地锦、地棯

形态特征

生活型： 茎匍匐的小灌木

株： 长10 ~ 30厘米

茎： 匍匐上升，分枝多

叶： 卵形或椭圆形，基出脉3 ~ 5

花： 花瓣淡紫红或紫红色

果： 坛状球状，肉质

生态习性

国内产地： 华南地区。

国外分布： 东南亚区域。

生境： 是华南地区酸性土壤上常见的植物，爬山时常见在各个向阳区域。喜欢生长在干旱的地方。

物候期： 花期5 ~ 7月，果期7 ~ 9月。

文献记载

《全国中草药汇编》中记载：地稔的全草或根可清热解毒、祛风利湿、补血止血等。

药用价值

全株供药用，其味甘、涩，性凉，具有活血止血、消肿祛瘀、清热解毒之功效。

书籍参考

[1]《陆川本草》
[2]《闽东本草》
[3]《生草药性备要》

第
四
章

野柿

一

罗罗一行人露营，过了一夜后，一早又开启了他们的秘境之旅。

"师弟昨晚休息得还好吗？"雅鹿（小鹿）说。

"还好还好，在睡袋里睡觉跟在宿舍睡觉感觉没什么区别。"

"大家昨晚都休息得好吧？准备出发了，今天的行程需要赶一点，大家辛苦了。"罗罗老师说。

"哈哈哈，在这里跟在地球上的野林没什么区别，就是晚上没听到什么虫子鸣叫的声音。"洪林说。

"我的第六感总感觉今天有什么不祥的事情要发生。"雅鹿的能力是第六感可以化为守护神，往往她有这种感觉的时候都表示将面临不好的事情。

"没事，有我带路你们放心，不会有什么事情发生的。"洪林说。

众人开始启程，他们发现其实林中秘境的植物与地球上的并无两样，奇怪的只是植物分布比地球上的繁杂许多，且都生长得异常茂盛，或许是林中秘境能量过于强大导致的。

二

罗罗一行人来到了一片茂密的野柿树丛，果然这里的植物是不分四季的。

"野柿，野柿，不好吃。"小嵩（小松鼠）说。

"野柿怎么会不好吃呢？小松鼠你说的是还未成熟的柿子吧，未成熟的柿子确实是苦涩难吃的。"罗罗摸了摸小嵩的头说道。

小嵩冲进野柿树丛，众人紧跟其后，都期待着可以尝一尝野柿子的味道，只有雅鹿一人心事重重，似乎在担心什么事情。

"被小嵩预言对了嘛，这果然是还未成熟的野柿子树，真的太可惜了，还以为可以饱餐一顿野柿子。"洪林说。

"青柿子虽然不能吃，但可以拿来作油漆和染料。"罗罗说。

"是吗，是吗？还有这些功能。"霖瀚小师弟表示很好奇。

"将未成熟的青柿子捣碎再提取其汁水，放置阴凉处发酵三到六个月，天然的油漆就完成了，无苯无甲醛。"罗罗老师说。

"学到了，学到了。"霖瀚说完就开始记起了野果笔记。

"这种天然油漆在小乡村还是见得到的，记得老家的墙板就是用某种野果制作的油漆涂染的。"洪林补充说道。

"大自然有很多野果可以当染料和漆料用，但由于有太易脱色、颜色不够鲜艳等缺点，也渐渐被人们淘汰了。"雅鹿说道。

"行吧，染料小科普可以暂停一下了，再找一下看看有没有稍成熟能吃的柿子。"洪林催促着大家加快步伐。

"咦，小松鼠呢？"不知谁说道。

众人发现走在前方的小嵩已然不见，而小鹿心中的预感也越来越强烈了。走了大约一百米，只见到一只小松鼠倒在了地上。

"小嵩！"霖瀚飞奔过去。

"小心！"只见空中有青柿子飞砸到霖瀚身上，还好有小鹿的守护女神为其挡下。

众人都被这一突发状况吓得没回过神，又有许多青柿子向其他人砸去，众人回过神来才发现是类似于青柿子的精灵从树上摘下柿子，向自己砸来。

"先走吧，先回到安全的地方。"洪林指挥着大家说道。

就这样在小鹿的守护下，众人先撤回到不远处的空草地。

三

"小嵩晕倒了，怎么办啊？"不知谁说道。

"可能被那青柿子精灵砸晕的，没有淤血应该没什么大碍，先让这小家伙休息吧。"罗罗说。

"我有药水。"小雯师妹说完从背包中掏出一瓶药水，涂在小松鼠的额头上。

"话说为什么这次的精灵这么有攻击性，不像地稔子那样温顺？"霖瀚师弟发问。

"先休息吧，大家今天遇到这事也受惊吓了，明天再调查清楚。"在罗罗老师的提议下，众人决定先在此处休息过夜。

傍晚，罗罗一行人正在讨论青柿子精灵暴躁的原因。

"有没有一种可能，是青柿子精灵认得人类，毕竟柿子在人类世界中算是一种常见的水果，大家都吃它，所以才对人类有攻击性。"霖瀚师弟提出了他的设想。

"如果是针对性的话，那为什么一开始攻击的是一只小松鼠呢？"显然这个设想轻而易举地被小鹿反驳了。

"柿子确实是很传统的食用水果，在我国也很早就有记载，最初南北朝时期就有梁简文帝夸赞柿子'甘清玉露，味重金液'。在古代，柿子是作为重大节日祭拜的水果之一的。"罗罗老师说道。

"是的是的，我们家中秋节就会拿柿子、柚子等水果来拜月亮。"霖瀚说道。

"柿子也可以加工成很多种食品，如柿饼，这个也深受人们喜爱，还有柿子汁、柿子糕、柿叶茶等。"洪林说。

"话说怎么讨论柿子了？"小雯师妹发问。

"哈哈哈，一下子话题跑偏了，大家再想一想原因吧。"众人陷入了沉思，还是不解。

就在所有人思考之时，一个身影走了进来。"你们是人类，是吧？"只见一个长得像青柿子精灵一样的精灵走了进来，只不过身体呈现的是成熟的橘红色。

"我是红狮，是成熟的红柿子精灵，今天攻击你们的是未成熟的青柿子精灵青狮，实在抱歉。"说完红狮向众人鞠躬表示歉意。

"你好你好，没事，不用道歉，我们也没有什么大碍，请问为什么你会人类的语言呢？"罗罗老师发出疑问。

"我们柿子精灵是林中秘境最原始的精灵之一，我们的祖先之前就跟人类接触过，因此也学会了一些语言。"

"请问为什么青狮要攻击我们呢？"雅鹿提问。

"青狮是刚孕育出的精灵，生性暴躁，成熟之后就会变得跟我们红狮一样了，也因为这样青狮、红狮是分开居住的，等成熟后再由红狮指引到红狮住处，我就是指引者之一。"红狮解释道。

"原来如此，这不就跟我们人类小孩子的叛逆期一样嘛。"洪林开玩笑说道。

"实在是见笑了，这也是我们柿子精灵长期存在的问题，为表达歉意，这袋野柿子你们收下吧。"红狮还是十分抱歉地说道。

"这怎么可以。不用这么抱歉的。"不知道谁说道。

"能不能让青狮快一点变成红狮呢？"霖瀚发出了他的奇妙提问。

"催熟。"小雯师妹说道。

"这个方法可能可行，催熟是水果典型的加快成熟的方法，或许对精灵也同样适用。"小鹿说道。

"红狮，我记得那边是不是有一眼温泉？"小鹿说道。

"是的，我们还经常过去泡呢。"红狮说道。

"那这样，你试着把青狮引到温泉那边去，温泉的高温或许能加快青狮的成熟。"小鹿说道。

"真的可以吗？实在是万分感谢了，我这就回去试试看。"说完红狮就匆匆离开了，但还是留下了一大袋成熟的野柿子。

"但愿能帮到他们吧，不过今天还是获得了新的野果。"罗罗说。

就在这时，小嵩醒了："野柿野柿，好吃好吃。"

"你这小家伙，不会是在装晕吧，不是说野柿不好吃的吗？"霖瀚教训这小宠物说道。

"好吃好吃。"小嵩重复着说道，迅速跳进了装野柿子的袋子中。

就这样，众人饱食了一顿柿子晚餐，度过了这有惊无险的一天，等待他们的还会有怎样的冒险呢？……

知识小问答

老师，柿子为什么在古代会作为祭拜中常见的水果？

这是因为在古代人们很喜欢水果谐音后那美好的寓意，柿子在古代祭拜中代表着事事顺心、事事如意的寓意。而且柿子表面红亮，刚好在深秋中表现出热闹和喜庆。

老师，这个柿子吃起来好涩，里面不应该是甜的吗？

一般野生的柿子是不能直接吃的，需要经过热水浸泡，去除涩味，方可食用。此外，柿子的涩味来自鞣酸，又称单宁。吃柿子时，柿子里的鞣酸会与口腔内的唾液蛋白结合，产生涩味。单宁还可以刺激口腔黏膜的蛋白，所以会有又麻又涩的感觉。

野柿

Diospyros kaki var. *silvestris* Makino

科属： 柿科，柿属
别称： 山柿、油柿

形态特征

生活型： 落叶乔木

枝： 小枝常密被黄褐色柔毛

叶： 椭圆状卵形，基部宽楔形

花： 雌雄异株或同株

果： 球形，浅黄色

种子： 扁状，栗褐色

生态习性

国内产地： 华中、云南、广东和广西北部、江西、福建等地的山区。

海拔： 生于山地自然林或次生林中，或在山坡灌丛中，垂直分布约达海拔 1600 米。

文献记载

《**中药大辞典**》中记载有柿树根的治疗作用，其功效主要为清热解毒。

《**上林赋**》记载：枇杷橪柿。

主要价值

未成熟柿子用于提取柿漆；果脱涩后可食，亦有在树上自然脱涩的。木材用途同柿树。树皮亦含鞣质。

书籍参考

[1]《齐民要术》
[2]《南都赋》
[3]《中药大辞典》
[4]《礼记》

第五章

猕猴桃

一

"师弟，师弟，睡着了吗？"洪林对霖瀚说，并推了推他。

"被你吵醒了，师兄，有什么事情吗？"

"睡不着，要不要出去先探探路。"

"就我们两个？大晚上的会不会有危险？"

"怕什么，跟我来就对了。"

就这样，霖瀚被洪林迷迷糊糊地拖了出去，第一次在这异世界进行夜晚探索。

洪林提着小夜灯走在前面，小师弟紧跟其后。

"话说，我们出来是为了啥？"霖瀚发出疑问。

"随便走走喽，也许还能发现什么果子，师弟啊，不是做什么事情都要有目的的。"

"收到，师兄说得对。"

两人走着走着，发现前方树丛有光亮，还隐隐约约听到一些奇怪的声音，像是歌声，却又有些混乱。

"师兄，前面是什么？"

"不知道，过去看看。"

两人即将到光亮之处时，却在这时光亮忽然消失，刚好这时小夜灯也失去了灯光。

"师兄！师兄！"

"别急，附近应该有精灵存在。"

"可是小嵩不在，万一他们以为我们有恶意呢？"

"先往前面看一下再说。"

"师兄，师兄，你后面……"

"怎么？"

只见洪林身后有一个发光的不明物种，就像传说中的
"鬼火"一样，在二人身后忽明忽暗，时不时还发出刺耳
的叫声。

"有鬼啊！"霖瀚似乎在黑暗中慌乱了阵脚，撒腿就
跑，还好有洪林在，将他及时拉住，两人匆匆赶回大本营。

二

"什么？你们晚上自己出去了？"罗罗老师发问。

"这不是因为睡不着嘛，就出去给你们先探探路。"洪
林说道。

"那也不行，真的是太危险了，以后外出都要大家
一起。"罗罗老师说道。

"昨晚还遇到发光的妖怪，吓死我了。"霖瀚看上去依
旧对昨晚发生的事情有很大的心理阴影。

"其实就是精灵而已，只不过夜晚确实有点渗人。"洪

林说道。

"那我们现在出发去那个地方看看？看一下究竟是什么精灵。"雅鹿决定带领众人一探究竟，看是什么东西在捣鬼。

罗罗一行人来到昨晚去过的地方，原来是一片猕猴桃树丛，在这个异世界中，好像什么果子都是已经成熟的，那猕猴桃树上面已经是硕果累累了。

"这猕猴桃怎么这么小一个？这是袖珍猕猴桃吗？"霖瀚发出疑问。

"这是阔叶猕猴桃，其实在猕猴桃科中属于正常大小，也是华南野外分布较常见的野果之一，阔叶猕猴桃是猕猴桃中花序最大的噢。像我们平时吃的那种比较大的猕猴桃，大多是金猕猴桃或中华猕猴桃，这类猕猴桃经过人工种植才会长成那么大个。"罗罗老师科普时间到了。

"这样啊，不过虽然小小一个，却还是很酸甜。我还有一个疑问，话说奇异果和猕猴桃有什么区别吗？"霖瀚随手掏出笔记本记下，嘴里吃着猕猴桃发问。

"猕猴桃，这是中国土生土长的果实，奇异果是新西兰产的。当然很多人会把这两种果子混淆，认为没有区别，其实它们还是比较有辨识度的，猕猴桃表皮是比较粗糙的，奇异果表皮是比较光滑的。"洪林说道。

"其实这个说法不是很准确，猕猴桃和奇异果都是猕猴桃科的。奇异果泛指中华猕猴桃和金猕猴桃。猕猴桃是我国的本土水果是没错，在古代很多文章都有猕猴桃的记载，如《本草纲目》中就描写道'其形如梨，其色如桃，而猕猴喜食，故有诸名'。而在20世纪初，猕猴桃被新西兰引入并人工培育成功，才变成了全世界喜爱的kiwi fruit——奇异果。"罗罗老师补充说道。

"噢，原来一个果子背后还有这么多的故事。"霖瀚记着笔记若有所思。

"话说这里也没有精灵啊！"雅鹿说道。

"会不会这种精灵是晚上才出现的？"小雯师妹说。

"应该是这样的，那我们晚上再出来看一下。"罗罗老师说。

罗罗一行人摘了些许猕猴桃，悠哉悠哉地走回营地。

三

傍晚，一行人吃了一顿猕猴桃搭配干面包的营养餐过后，准备继续出发探寻究竟。

"出发吧大家。"洪林继续选择带路前往。

洪林在前面提着夜灯前进，还好有预备电池，不然就失去了这最后一点亮光了。走到猕猴桃树丛深处，依旧隐约听到那若隐若现的歌声，微微亮光就在前方。

"大家听到什么声音了吗？"洪林问道。

"听到了。"罗罗老师说。

"昨晚我跟小林师兄一开始听到的也是这种声音。"

忽然，在雅鹿身后出现一道光影，然后其他人身后也出现了，仿佛有什么生物在戏弄众人。

"啊！我的头发。"雅鹿的头发被那小东西拨弄了。

在众人身边有一圈光亮，定睛一看是一群像猴子一样的生物围绕着众人，其后面的尾巴闪闪发亮，齐声发出咿啊咿啊的叫声，十分嘈杂刺耳。

"这应该就是这片猕猴林的精灵吧。"不知谁说道。

"小嵩，翻译交流一下。"罗罗老师说道。

以下是精灵语言经过翻译后，洪林与精灵的对话。

"神灵祭祀，不得冒犯！"

"我们是异世界来的人，无意冒犯，只是昨晚有所迷惑，就再来一探究竟。"

"异世界？那我问你一个问题，神灵祭祀，如何让神灵知道我们的心意。"

"祭祀之礼，心诚则灵。"

"果真是异界之人吗？先辈记载过，异界之人，很懂祭祀之礼。"看来洪林给了猕猴精灵一个满意的答案。

"我们是这里的精灵，名为谜咻，这两天是神灵祭祀大典，今晚有结典宴席，你们也过来吧。"

众人就这样莫名其妙地参加了宴席，与其说是宴席，不如说是猕猴桃全席。有猕猴桃汁，猕猴桃饼，猕猴桃饭团，还有各式各样的猕猴桃小点心。

"虽然这些是猕猴桃口味的，但是都挺好吃的。"不知谁说道。

"大家喜欢就好，我们世世代代都是以猕猴桃为主食，所以样式和口味这方面，还是有一定自信的。"谜吘族长说道。

"话说这些都是跟什么东西搭配的？感觉有点像面粉。"罗罗老师说。

"这些都是用其他地方采摘的果子一起调配的，也算是我们的秘方。"谜吘族长说道。

大家都吃得津津有味，对猕猴桃这种水果的喜爱程度更加深了。就这样度过了一个惬意的晚上……

知识小问答

老师，猕猴桃是什么时候引种到外国的？

猕猴桃最早是在19世纪末从中国输出到外国的。英国、美国、新西兰是最早引种的国家，新西兰在1910年左右将猕猴桃成功栽培为果树，后面再传遍全世界。

老师，为什么猕猴桃又被称为奇异果呢？

嘻嘻，这个问题就有意思了，奇异果是个音译词，他的英文单词是kiwi fruit，fruit是水果的意思，那kiwi是什么呢？它是一种鸟，这种鸟还不一般，它是新西兰的国鸟——几维鸟。这种鸟被新西兰人认为与猕猴桃长得相似，故用国鸟的名字给这水果命名，新西兰人对其也是真爱啊！

中华猕猴桃

Actinidia chinensis Planch.

科属： 猕猴桃科，猕猴桃属
别称： 猕猴桃、羊桃、阳桃、红藤梨、白毛桃、公羊桃、公洋桃、鬼桃等

形态特征

生活型： 大型落叶藤本
枝： 灰白色茸毛，褐色长硬毛
叶： 纸质，倒阔卵形至倒卵形
花： 聚伞花序1～3花，花瓣5片
果： 黄褐色，近球形、圆柱形
种子： 纵径2.5毫米

生态习性

国内产地： 产于陕西（南端）、湖北、湖南、河南、安徽、江苏、浙江、江西、福建、广东（北部）和广西（北部）等地。
生境： 生于海拔200～600米低山区的山林中，一般多出现于高草灌丛、灌木林或次生疏林中，喜欢腐殖质丰富、排水良好的土壤。分布于较北的地区者喜生于温暖湿润、背风向阳环境。

文献记载

《诗经》记载：隰有苌楚（猕猴桃的古名），猗傩其枝。

《本草拾遗》记载：猕猴桃味咸温无毒，可供药用。

主要价值

中华猕猴桃整个植株均可用药；根皮、根性寒、苦涩，具有活血化瘀、清热解毒、利湿祛风的作用。

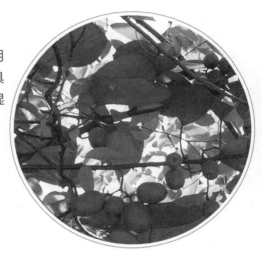

书籍参考

[1]《诗经》
[2]《本草拾遗》
[3]《开宝本草》

第六章

拐枣

一

休息了两天之后，罗罗一行人继续行走。

"你们说，我们是不是走到森林深处了？感觉这里的树木越来越高大了。"雅鹿忽然开口发问。

大家听了，停下来环顾四周。

"确实……"小雯师妹表示赞同。

"我觉得要不要先停下来规划一下，再想想怎么样才能和狮子老师会合？我记得我们带着的那个重要的种子，在狮子老师那里。"雅鹿继续提议。

一语惊醒梦中人，自从和狮子老师一队人走散后，大家忙于应对不断出现的奇异景象和问题，差点都忘了正事。

罗罗老师率先反应过来："说得对啊，我们先找个地方坐下来，梳理一下状况。"说完四处张望了一下说："那边的几棵树又高大又浓密，我们去那边吧。"

"好耶！"又能休息。大家刚刚紧张起来的心又放松下来，反正以后的事情以后再说，当下最重要。

忽然，雅鹿停了下来："等等，我看见守护神出现了，她出现代表有危险。"

众人都屏住了呼吸，想起之前被青柿子砸的意外，可不想经历第二遍了。

"你们听这是什么声音？"小雯师妹发现了端倪。

一种"嗡嗡嗡"的声音从头顶传来，越来越大。

"是蜜蜂！"洪林说，抬头望去，那片高高的树顶上成群的蜜蜂像一片忽聚忽散的云，被蜜蜂追逐的记忆忽然涌了上来。

众人纷纷惊出冷汗。

洪林展现了专业的精神："你们说为什么现在蜜蜂这么多呢？"

雅鹿："那当然是在采蜜……"

小瀚发现了脚下掉落的树叶，捡起来仔细端详了一会儿，说："我知道了，这是拐枣树！"

"那就是蜜蜂在采拐枣蜜，拐枣树是夏季南方重要的蜜源植物之一。产蜜量大，夏季的其他蜜源植物基本没有能比得过它的。"罗罗老师盖棺定论。

小雯师妹："夏季？我们进来时是二月呀。"

雅鹿忍不住吐槽："哎呀，这个地方时间不对也是常事了……倒不如说它现在居然是花期而不是果期。我们先找个地方坐下吧。"说完开始走向另一边的石头。

二

罗罗一行人围坐在一起，开始清点行囊，除去各种科考和生活器材，最重要的还是食物和水。

"我这里还有一小袋地稔果子，"霖瀚说道，"我本来是留着用来观察慢慢画的。"

"我带着一些奇异果的小点心，在这里的东西好像都不会变质的样子。"小雯师妹说着，看了看小瀚手里的地稔果子。

洪林从背包翻出了两包方便面、面包和一些速食汤包、几包速食土豆泥和火腿肠。

"我这里还有一瓶可乐、一盒水果糖、两包饼干和一保温杯的巧克力、能量条、一些牛肉干。"雅鹿把能找到的东西全都摆了出来。

"为什么把巧克力放在保温杯里呢？"有人问道。

"因为保温杯也可以保冷，可以防止巧克力融化掉，我挺喜欢这么干的。"雅鹿说道。

罗罗老师看了看自己的干粮，发现因为前两天遇到了好心的精灵，剩下的还能维持五天左右。

"也就是说，运气好的话，靠洪林的粮食我们可以撑过八九天，现在的问题是水……"罗罗老师说道。

大家纷纷看向自己的水壶，饮用水基本所剩无几了。

"看来比起先找狮子老师，我们应该先找找水源。"洪林发话了，"我相信我能做到。"

"要是这里的拐枣结果了就好了，吃水果可以缓解喝水的问题。"小雯师妹叹了口气。

"拐枣结了果也是杯水车薪，它的果子非常小，直接吃都只能当零嘴尝鲜的……"雅鹿说道。

"它有很多吃法，比如泡酒啦、煲汤啦，很少单独做食物。而且拐枣的果子没有成熟前带着一股涩味，要等到11月霜降后才好吃。"

气氛顿时有些低落。

"不过比起这个，我想到另外一种方法——把这里的精灵直接叫出来问一问。

雅鹿站起来，从脖子上掏出一个护身符默念着什么，一阵白光闪过。

"何人前来惊扰？没看见正忙着呢嘛！"雅鹿说道。

一个穿着棕褐色长裙，半米高的少女，看向雅鹿："是你把我叫出来的吗？"

"是，我们本来进山来还桃种，不曾想迷路了，现在带的水快喝光了，想请您帮忙指引一下哪里有水源。"

"还桃种？你们身上并没有呀。"

"桃种在我们领队身上，我们进来的时候走散了。所以也希望仙子能帮助我们会合。"

"这样呀，既然山神大人放你们进来，那我也不好过多质疑啦。帮忙可以，但是我有条件。"

"什么条件？"

"这个嘛，你们也看见了，我们要准备上供的蜂蜜，快到尾声了，我现在要控制树一天流两次蜜，几乎从早到晚，蜂群也很忙，如果你们愿意帮我们守着周围不让熊和蚜虫过来搞破坏，事情结束我就告诉你们水源，怎么样？"

"那当然可以啦。"罗罗老师一口答应。

三

大家商量好轮流换班，安排好顺序后，罗罗老师说："正好，还没轮班的人现在可以展开一下自然考察活动啦，咱们这几天都忙着找路和解决食物问题，这方面都耽搁了。"

洪林和小雯师妹带上摄像机和标本夹等一些物品，去拍摄和做标本了。

霖瀚负责科普绘画。

小蒿则到处蹦蹦跳跳帮忙警戒周围。

第二天采蜜终于结束了，拐枣仙子走了出来。

"谢谢你们啦！沿着拐枣林的边缘走，大概几里外有一眼泉水，那里的水可以直接喝。把这个信物交给那里的精灵，向她借一颗水珠，放在瓶子里，在这儿你们就不会缺水喝了。另外，拜托你们一个事情，替我带一瓶酒和我熬的糖，给我的朋友南酸枣。"

"好的，太感谢啦！"

众人接过了精灵给的东西，又开始重新上路。

"罗罗老师，拐枣泡的酒有怎样的功效呢？"小雯师妹问道。

"听说具有安神、降血压之类的功效，这是因为拐枣里面含有的成分吧，不过我也没试过哦，只是人们用拐枣泡酒确实很常见啦。"

"那这罐糖也是拐枣熬的吗，颜色好红啊！"

"是哦，拐枣虽然小小的，但是含糖量很高，熬出来的糖也很甜，只不过熬不好的话，会带一些涩味。"

"如果是精灵熬的，应该不存在这种问题了吧！哈！哈！哈！"

另一边，霖瀚一边走一边还想着精灵送的一个小玻璃瓶。里面装了拐枣的花和果实等，由于有法术作用，一个月都不会变形枯萎。

当然，这一切都是因为精灵嫌他们一晚上画得过于潦草粗糙，雅鹿重新拿平板画了精灵画像，换的。

"你们画的这些都太粗糙啦，跟我一点都不像。"

"你会画这个？快给我画张画像，我要留起来好好欣赏。"

……

知识小问答

老师，为什么拐枣长得如此奇怪？

哈哈，你这个问题问得也有点奇怪。你说的是它的果实吧？但其实拐枣的果实跟普通浆果没什么区别。而我们常吃的其实是拐枣的果序轴还有其果柄，也就不像普通水果那样圆整，所谓的奇怪之处其实也是大自然造物的有趣之处。

这玩意儿好像在我爷爷解酒的时候有见到过。

是的，因为拐枣中含有大量的二氢杨梅素、葡萄糖、有机酸，它既能扩大人体的血容量，又能解酒毒，故有醒酒安神的作用。如果家里有长辈喜欢喝酒，可以在家里经常备用拐枣哦，有疏通血管、解酒的功效，相当的不错呢。

拐枣

Hovenia dulcis Thunb.

科属： 鼠李科，枳椇属

别称： 枳椇、鸡爪梨、枳椇子、北
枳椇、甜半夜

形态特征

生活型： 高大乔木，稀灌木

枝： 小枝无毛

叶： 叶卵圆形，宽长圆形

花： 黄绿色，径6～8毫米

果： 浆果状核果近球形

种子： 深褐色或黑紫色

生态习性

国内产地： 河北、山东、山西、河南、陕西、甘肃、四川北部、湖北
西部、安徽、江苏、江西（庐山）。

国外分布： 日本、朝鲜。

生境： 次生林中或庭园栽培。

海拔： 200～1400米。

✛ 文献记载

《唐本草》记载： 其树径尺，木名白石，叶如桑、柘，其子作房似珊瑚，核在其端，人皆食之。

《本草纲目》记载： 解酒良药枳椇子。

《本草拾遗》记载： 止渴除烦，润五脏，利大小便，去膈上热，功用如蜜。

✛ 药用价值

北枳椇的根皮和果实可入药，可治醉酒、烦热、口渴、呕吐、二便不利。

书籍参考

● ● ● ● ● ●

[1]《唐本草》

[2]《本草纲目》

[3]《本草衍义补遗》

[4]《圣济总录》

[5]《本草拾遗》

第七章

木通

前路云雾渐渐散开，一行人顺着溪流往前去。

"快看这云雾突然就散开了！"小鹿师姐说。

"是啊，是啊。这是怎么回事？"小雯师妹有些发愣。

"果然不愧是奇幻的世界！"小瀚师弟满是惊奇。

小鹿师姐指着前面说道："快看，前面是不是有个小姑娘倒在地上了？"

"她是不是不舒服啊？我们应该先把她扶起来。"小雯师妹说。

一行人上前查看小姑娘的情况，其中一个人探了探她的呼吸。

"没事没事，有呼吸，看起来是缺水晕倒了。"有人说。

罗罗老师从包里找出水，喂了点水给她喝。

木通小姑娘睁开了双眼，头还是晕晕的，有些发懵，看着前面一行人："你们是谁？我为什么会在这儿？"

罗罗老师说"你刚刚倒在这里，看起来是严重缺水的样子，是发生了什么事吗？"

"老师，你看她的头饰、服装上的刺绣，她好像是木通小精灵。"有人说。

"哎，好像真的是！"罗罗老师说。

"谢谢你们，不过我还有急事要离开。"木通小姑娘很着急的样子。

"我们有什么可以帮你的吗？"罗罗老师问。

"那便麻烦大家了，因为爷爷生病了，我出来采药回去给爷爷治病！"木通小姑娘说道。

"那你需要采什么药？"小瀚师弟问道。

木通小姑娘吞吞吐吐地说："我，我，我不记得了。"

"别急别急，那你知道爷爷的病是什么症状吗？"罗罗老师问着。

木通小姑娘说："这个我知道，好像是，好像是，是蚜虫，没错就是蚜虫！"

"原来是蚜虫，这个我们可以帮你！"罗罗老师说。

"那你们跟我来吧！"木通小姑娘说。

"爷爷，爷爷，我带了一些人类回来，他们说可以帮我们解决蚜虫的问题！"木通小姑娘大声喊着爷爷，让他赶紧起来。

"已经好久没有人类来过这儿了。"老爷爷慢悠悠地从房间里走出来，摸了摸自己的胡子。

"他看起来挺有威严的。"小林师兄小声地说道。

"是啊，是啊，听说木通的瓜果可好吃了，不知道能不能尝尝它。"有人说。

"好了，那就麻烦你们这些年轻人，过来帮一帮我这把老骨头，解决这些蚜虫吧！"老爷爷用拐杖敲敲地面。

"那就用新鲜的橘子皮加辣椒加水，按比例 $1:0.5:7$ 混合煮沸，药剂就成功了。之前采摘的橘子皮还剩下一些，你们快去制药吧！"罗罗老师说。

小林师兄拉着小瀚师弟在旁边悄悄说道："这个秘方似乎时效不太长，但是化学药剂不能在山林里面随便施用。"

于是，在接连不断的采药、制药、喷药中，终于解决掉了蚜虫，一行人在木通的村落里四处闲逛着，在市场上发现了一种很是奇特的药物，于是用小雯师妹的神奇药水换了一些，便启程前往下一段路程。

知识小问答

木 通

老师，木通是什么时候被当作药物的？

最初应该是汉代的药书《神农本草经》记载了木通的药用价值。里面是这样说的："气味辛、平，无毒。主除脾胃寒热，通利九窍，血脉，关节，令人不忘，去恶虫。"木通是一种历史很久远的传统中草药。

老师，为什么我们见到的木通都腐烂了呢？

木通是九月份成熟的一种应季性野果，又被称为九月瓜，它成熟期较短，通常熟了之后鸟儿就会啄食；因此，如果想要吃上新鲜美味的野果，就得与鸟儿争抢了！

木通

Akebia quinata (Houtt.) Decne.

科属： 木通科，木通属

别称： 山通草、野木瓜、通草、
附支、丁翁

形态特征

生活型： 落叶木质藤本

茎： 纤细，圆柱形，皮灰褐色

叶： 掌状复叶互生或短枝簇生

花： 伞房花序式的总状花序腋生

果： 果孪生或单生，长/椭圆形

种子： 卵状长圆形，略扁平

❖ 郭剑强摄

生态习性

国内产地： 长江流域各地。

国外分布： 日本和朝鲜。

生境： 山地灌木丛、林缘和沟谷中。

海拔： 300 ~ 1500米。

✚ 文献记载

《药性论》记载： 主治五淋，利小便，开关格，治人多睡，主水肿浮大，除烦热。

《食疗本草》记载： 煮饮之，通妇人血气，又除寒热不通之气，消鼠瘘、金疮、踒折，煮汁酿酒妙。

✚ 药用价值

木通具有清心火，利小便，通经下乳的功效；主治小便赤涩，淋浊，水肿，胸中烦热，喉痹咽痛，遍身拘痛，妇女经闭，乳汁不通；实践证明，木通有明显的利尿作用。

书籍参考

• • • • • •

[1]《别录》
[2]《药性论》
[3]《食疗本草》

第八章

悬钩子

一

流水载着落叶沿着河岸一路向下，水面上时不时浮出几条鱼儿顶着落叶，好奇地打量着岸边的众人。众人很快便来到了一片林丛，与其他林丛不同的是这片林丛有着广阔的草坪，沿边皆是花组成的海洋，点点光芒顺着月色落入凡间，花朵吞吐着星光，照亮了花海。

调皮的风从空中掠过时，这片海便卷起阵阵波澜，随着风在林丛中游走，个别花儿似乎也不愿停留，乘着风的背，开始自己的旅途。一朵小小的花儿被风托在空中，微微打了几个转，落到了人类手中。

"哇！怎么会这么壮观，这座山到底有多雄伟？竟然会有这么神奇的地方。"徽音惊呼道。

"我们当中最大的领地就是悬钩子家族的，她们几个姐妹受到招摇山所有生灵的喜爱，西王母自她们诞生后便为她们打造了这片花海，真是让人羡慕的好运气。"瓢虫胖小望了望眼前的花海说道。

狮子老师笑了笑，说道："学植物专业的有个说法，为什么学植物专业？为了吃到各种悬钩子啊。在野外常见的可食用植物最多的就是悬钩子，酸酸甜甜的味道，加上超高的营养价值，比蓝莓这类水果还要好。如覆盆子就是悬钩子家族的植物，不知道今晚能不能试试不一样的悬钩子呢？"

"覆盆子果酱超好吃，我的最爱，能空口吃掉两瓶，还没有尝过悬钩子呢？"徽音饶有兴趣地说道。

"悬钩子家族？有多少位家庭成员呢？"果子师姐好奇地问着。

"最年长的是悬钩子，排行第二的是覆盆子，此外还有老三蓬蘽、老四茅莓。不过老三和老四都在外修行，这次宴会应该还是由悬钩子和覆盆子主持举行。"瓢虫胖小说道。

二

一只圆润的胖兔跑了过来，这只兔子的腰身圆润，像是一个滚动着的白色绒球，它一脸好奇地说道："新来的人肯定不知道，老大悬钩子很黏自己的本体，最喜欢把自己牢牢固定在叶床上，但也不妨碍她乘着叶床到处观察四周的动植物。而她的妹妹覆盆子则相反，她更喜欢坐在自己的叶床上，眺望着远处的山脉，似乎在思念着什么。"

众人步入悬钩子的庭院，映入眼帘的是一块镂雕的照壁，照壁后面众人走在回廊下，状如弯月的池塘在月色中反射着幽暗的光。

众人排队缓缓向前，队列中的刺猬、野兔、喜鹊、河狸等鸟兽们都举着果实和石头准备上交，快到眼前，大家才看见，原来最前面是三只穿着端庄的兔子正在厅堂前忙碌，一只登记着来客的姓名，一只忙着清点客人的礼品，还有一只正在告诉其他人宴会的场地。

只见瓢虫胖小从自己的包裹中取出几个瓶瓶罐罐，兔子眼睛一亮，唰唰几下就登记好了。众人随后也拿着坚果、麦片、能量棒递给兔子，兔子闻了闻，似乎没发现不好的东西，便也做了登记。

众人便跟随着其他动物一同前往搜寻食材，徽音和余月跟着做糕点的刺猬走到了灶台前，用锉刀把坚果从果壳中取出来，学着刺猬的手法搅拌着果泥，往制作好的饼皮中包入甜口或咸口的馅料。

果子师姐正提着个小篮子，跟随着野兔在草坪中采摘野果和鲜花，篮子中盛满了各式各样的瓜果和鲜花，准备用于装饰林间小路、石墩小桌。不一会儿，一篮又一篮的野果和鲜花倒入到喜鹊的小车中，哗啦啦，小车立刻就装得满满当当的，出发啦！

十二师弟则跟在河狸旁边，帮河狸递需要处理的木料，一阵咔嚓咔嚓的声音过去，一根长短与粗细一致的木料就成型了，剩下的河狸成员们便将这些木料穿插交织，不一会儿一张榫卯结构的雕花桌子就出现在面前。

忽然，大家发现狮子老师不见了，急忙准备寻觅时，却见到狮子老师穿梭在鸟兽中，向它们要了好多未曾见过的植物的果实。

"我就说，不用担心狮子老师的，瞧！他此时不是正如鱼得水嘛！"果子师姐说道。

悬钩子姐妹出现在众人眼前，只见一个年龄稍小些的女孩乘坐在绿色的叶床上，年龄稍大些的女孩则半倚半躺在叶床上看着众人，看到人类时，好奇地招了招手。

徽音也好奇地上前去，悬钩子一脸友好地邀请她，一起坐上她的叶床去山间玩耍，徽音指了指旁边的大家，摇了摇头。悬钩子想了想，挥了挥手从天空中扯下了几瓣云朵，让兔子们掌舵驾驶着云朵，大家和小动物们都坐在云朵上面，在草坪和林丛间穿梭飞行着。

夜晚在宴席上，大家热热闹闹地跟随着小动物们一同载歌载舞，欢乐的时光永远是最短暂的，漫长的时间会将记忆抹去一层层色彩，但记忆的珍贵并不在于欢乐，而在于人对过去的留恋。

大家都明白也许接下来很难再见到这些小动物了，于是便将自己身上携带的能够作为纪念品的物品，给新认识的朋友们都分发了下去。果子师姐拿出了相机拍下了这一幕，也给动物们送了照片。

"不知道罗罗老师他们在哪儿呢？"果子师姐问道。

一行人终于准备再次启程探寻，不知前方还有什么等着众人呢？

知识小问答

悬钩子

老师，老师，在野外受伤流血，可以直接用悬钩子果子涂抹止血吗？

哈哈哈，这个问题问得很奇妙。某些种类的悬钩子是有收敛止血的功效的，可以用于内外伤止血，是一种功能性非常强的小野果！

老师，悬钩子跟野草莓有什么区别？

悬钩子一般茎上有刺，而野草莓就像草莓一样没有刺；悬钩子的果实是酸大于甜的，而野草莓的果实酸味不明显，吃起来感觉同喝水差不多；悬钩子是灌木，可以长得像树一样，而野草莓是草本，只会沿着地面蔓延。

悬钩子

Rubus corchorifolius L.f.

科属： 蔷薇科，悬钩子属
别称： 山莓、三月泡、四月泡、
　　　　山抛子、刺葫芦、高脚菠等

 **形态特征**

生活型： 直立灌木

高： 1～3米

枝： 具皮刺，幼时为柔毛

叶： 单叶，卵形至卵状披针形

花： 花单生或少数生于短枝上

果： 近球形或卵球形

生态习性

多生在海拔200～2200米的向阳山坡、山谷、荒地、溪边和疏密灌丛中潮湿处。
耐贫瘠，适应性强，属阳性植物。

文献记载

《本草纲目》记载：悬钩，树生，高四五尺，其茎白色，有倒刺，故名悬钩。

《本草拾遗》记载：食之醒酒，止渴，除痰唾，去酒毒。

《现代实用中药》记载：内服治痛风，外用涂丹毒。

《常用中草药手册》记载：活血祛瘀，清热止血。

药用价值

一般以根和叶入药。秋季挖根，洗净，切片晒干。自春至秋可采叶，洗净，切碎晒干。

根：活血，止血，祛风利湿。

叶：消肿解毒。

果：活血祛瘀，清热止血。

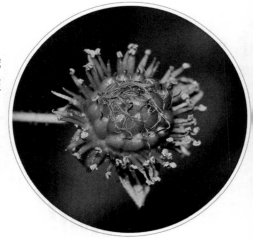

凡强老师 摄

书籍参考

• • • • •

[1]《本草纲目》

[2]《现代实用中药》

[3]《本草拾遗》

[4]《常用中草药手册》

第九章　売斗科

壳斗科

一众人不小心掉进漩涡，晕晕乎乎地来到一片奇特高大的树林。众人逐渐苏醒过来。"咚"头顶上掉下一个吃剩下的棕色果壳。只见一位似乎是身穿一身绿衣的小姑娘在那里晃荡。

"呀，什么东西？是谁拿东西丢我？"十二抬头看到一串带刺的壳，旁边正站立着一位小姑娘，抓着那带着满壳都是刺的果实，徒手剥壳，用眼睛瞟了一眼眼前的人，似乎不在意，静静地享受着眼前的食物。

十二气愤地说道："上面那位姐姐，你吃东西能不能稍微克制一下，别吐得满地垃圾，乱扔垃圾可耻，你知道不？"

"你们是谁，难道不知道这里是我们壳斗城的禁地吗？"那个小姑娘问。

"壳斗城？"狮子老师带着疑惑往树上看了看果实，这里的果实都长满了刺，剥开壳里面都是一粒棕色带壳的小果食，狮子老师的大脑搜索着，识别到这个是锥栗，里面包含的果实充满淀粉，心里想着"呀，好久没有吃过淀粉类的食物了，终于看到不同口味的了。"狮子老师咽了咽口水。

"我们是被漩涡卷进来的，不是坏人，我们只是经过这里，并想问一下去桃树林的方向，希望能够得到你的帮助。"余月望着那个小姑娘解释道。

"这个我不是很清楚，这可能需要问我的长老们或者到藏书阁寻找答案，另外，你们身份来历不明，我们城主不一定会帮你，但我可以为你们引荐。你们可以先去我们壳斗城稍作休息，我先去通知我们城主。"那个小姑娘说。

"好的，那我们先进城里，在壳斗城里的饭店等你的好消息哦！"徽音高兴地回答道。

二

众人进入城池发现，这里的人，都似乎感染疫病一般，没有什么生机。

到达壳斗城里唯一的饭店，壳斗饭店，问了小二有什么特色吃食。

小二回道："我们这有爆炒锥栗、香蒸锥栗、锥栗粥、烤锥栗，这几样是我们这边的特色美食，客官需要点哪些？"

"各来一份"。狮子老师看着这些美食，霸气地都点了一份，塞满了一桌。面对各类不同做法的美食，众人吃得津津有味，直到城主派人来请他们进城主府。

头戴绿色尖刺发冠的城主在府门口亮着眼睛接待大家："听我女儿讲，你们想要去找桃树？"

"是的，城主，我们需要找到桃树，回到我们之前的世界。"果子看到城主没有丝毫奇特之处，感到有些奇怪。

"可惜你们来晚了，前段时间，我们城内保护罩的精神能量被松鼠国的人偷走了，致使我们感染了疾病，而这个精神能量不仅能够保护我们壳斗城不受敌人偷袭，防止我们感染，还能启动我们的传送阵，将人送往下一个安全的地方。"城主无奈地解释。

"难道我们没有办法离开这里吗？"徽音担忧地说道。

"有是有，但是难度太大了，会有危险，就看你们敢不敢去争取，只要将我们的精神能量夺回来，放回神坛上，恢复保护罩，运转整个阵法，传送阵就会启动。"城主耐心地说着关于松鼠国的信息以及各种事项，让人觉得这个任务困难重重。

"好的，我们大概了解了，接下来就交给我们吧。"十二推了推眼镜，根据城主提供的信息，快速运转着大脑，在笔记本上迅速写出对应的方案。

三

狮子老师削着一根木棒，边削边给我们下指令："接下来就是我们的事情了。松鼠国城池隐蔽，不易寻找，果子快速探索出松鼠国的城池，余月留在城内利用治疗术为壳斗城的子民恢复健康，准备后面的战斗，徽音去松鼠国做好打探情报的准备。同志们，准备好了吗？"

"没问题。"众人精神满满地踏出城门，去寻找精神能量。

果子通过探索能力寻找到松鼠国的城池，根据这几天徽音收集的情报，作为刺客的狮子老师利用他矫健的身姿以及雄厚的力量，在松鼠国的禁地里面拿回属于壳斗城的精神能量，但在取能量的一瞬间，敌方即发现能量被盗，松鼠国的士兵们纷纷拿出自己的松果武器，砸向身姿矫健的狮子老师，众人得手后快速撤回计划的路线，一路慌慌忙忙地回到壳斗城。

松鼠国的城主见能量被盗走，非常生气，两城之间，烽火的气息慢慢弥漫到城池角落，敌方还有五分钟就到达壳斗城，而众人距离放能量的神坛还需要一刻钟。

"十二，接住！迅速将能量送往神坛，徽音上城池召唤精灵做好准备，余月准备治疗，果子五分钟后开启防护罩保护城池里面的子民，都给我打起精神，做好战斗准备！"狮子老师斗志昂扬，像个将军带领着大家准备战斗。

壳斗城的士兵们纷纷脱下自己带刺的外壳，手举起的那一刻做好了为城池牺牲的准备。

面临着敌人逐渐逼近，众人开启自己身上的异能，艰难地度过这一刻钟，直到神坛开启，一束光维持着整个城池运转，众人脸上露出胜利的笑容，终于壳斗城的子民又恢复了以往的生机，我们也开启了下一个站点……

知识小问答

壳斗科

老师，我们常吃的板栗属于壳斗科植物吗？

当然属于啊，板栗又叫毛栗子，是壳斗科栗属的植物，原产地就是我们中国。哈哈，这个用来煲汤还是很美味的，营养价值也很高。

老师，壳斗科中的壳斗具体指什么呢？

嗯，这个壳斗科植物的"壳斗"就挺有意思，在被子植物中有一类比较古老的木本植物类群，就是它们的种子被总苞包着，总苞看起来像烟斗，故名"壳斗"，这类植物被植物学家划分为壳斗科；全世界壳斗科有7属900多种，我国有7属约320种。

壳斗科

Fagaceae

科属： 壳斗科
别称： 山毛榉科

形态特征

生活型： 常绿或落叶乔木

枝： 具皮刺，幼时为柔毛

叶： 单叶，互生，极少轮生

花： 花单性同株，稀异株或同序

果： 木质，角质，或木栓质

生态习性

国内产地： 西起西藏吉隆县，东到黑龙江虎林市，南起海南三亚市，北至内蒙古额尔古纳市。北方地区壳斗科植物分布较为分散，南方地区分布较为聚集。

第十章

盐麸木

一

雅鹿："早上出发到现在走了这么久，还没到中午我就已经饿了。我们还有什么食物吗？"

小雯师妹："我们带来的食物所剩不多了，我们需要找找看有没有能提供能量的食物了。"

"我这里还有一些精灵给的食物，我们先休息一下，吃点东西补充好体力再去寻找食物吧。"霖瀚一边说着一边拿出精灵给的食物分给大家。

拿到食物后一行人就地而坐，休息间隙也讨论着各自目前还剩的物品。在补充好体力后众人开始继续探索秘境，望着周围一片翠绿却无食源，罗罗老师一行人加快了往前走的步伐。

"前面有河流，那里应该会有河虾和鱼。"走在最前方的洪林背对着其他人说道。

雅鹿听到有鱼虾，瞬间来了精神，眨眼间已经走在洪林前面："今天的晚餐可有得吃啦！"

到了河边，洪林和霖瀚找了些树枝，在河岸边设置了捕鱼陷阱，不多时便发现陷阱里有好几条肥鱼了。

"还好这鱼够肥，不然那陷阱缝隙那么大，它们一下子就能跑出来。"洪林把刚捕到的鱼拿给罗罗老师并说道，

"等下把陷阱缝隙弄小点，里面再放些草，看能不能捕到虾。"

罗罗老师看着手里的鱼说："这些鱼真肥美，今天我们就吃烤鱼吧！"

"好耶！"雅鹿兴奋地说，"进入森林以来感觉已经好久没吃鱼了。"

"那我们现在就来制作烤鱼吧。"罗罗老师说完就开始动手搭起架子准备烤鱼，而雅鹿和小雯师妹到附近找了一些干枯树枝用来生火。

一阵忙碌之后鱼终于烤好了，闻着一阵阵鱼香味，罗罗老师一行人的肚子一起叫了起来。

听到大家肚子饿得发出咕噜咕噜声，罗罗老师笑着道："大家都饿了，霖瀚拿的那点食物到现在早消化完了，快坐下来吃吧。"

一行人坐在一起吃起了烤鱼。"这鱼太原汁原味了吧，除了胡椒味啥都没有。"雅鹿吃了口鱼说，"好淡啊，罗罗老师你是不是忘记放盐啦。"

"不是忘记放盐了，是我背包里的盐没了，所以我才只放了点胡椒粉提味。"罗罗老师吃着烤鱼回答着。

"这咋办，这附近都是山林，也没有海水可以晒盐。"霖瀚说着忧虑。

"先将就着吃吧，吃完再继续前行，没盐这事会解决的，方法总比困难多嘛。"洪林说完又拿起一条烤鱼大快朵颐了起来。

解决了午餐的罗罗老师一行人起身继续探寻，果然吃饱才有劲往前冲。

"我们往这边走吧。"小蒿扯了扯霖瀚的衣领，另一只手指了指它的右方。

一行人在小蒿的决定下往右侧方向走去。

二

"太好啦，我们能弄到盐啦！"罗罗老师突然指着前方的小乔木兴奋地说到。

其他人顺着罗罗老师所指方向看去，只见平平无奇的小乔木并不引人注意。

"这是什么植物啊？"霖瀚疑惑地问道，"我们怎么在它身上弄到盐呢？"

话音未落，只见罗罗老师已经快步走到那片树下。

"你们看这几棵植物，小枝棕褐色，叶片多形，卵形或椭圆状卵形或长圆形，先端急尖，基部圆形，顶生小叶，基部楔形，叶面暗绿色，叶背粉绿色，小叶无柄。它叫盐麸木，是一种漆树科盐麸木属的落叶小乔木或灌木。"罗罗老师绕着几棵树回答道。

洪林疑惑问道："盐麸木？那它是不是就像它的名字那般可以析出盐在表皮上呢？"

"是的，没错！盐麸木就如同它的名字那样有盐在果实表皮上。虽然这种盐是有机酸而不是我们平时吃的氯化钠，但在野外还是可以当食用盐使用的。"罗罗老师一边回答一边摘下一枝盐麸木展示道，"盐麸木的花白色，核果球形，略压扁，成熟时红色。你们看它果实薄皮上有一层白色的物质，这些就是我们可以刮取食用的盐了。"

看着盐麸木果实上的薄盐，霖瀚不禁感叹："这一层薄薄的盐霜挂在果实上，有种冬天霜落枝头、雾凇沆砀的美感。"

"你现在可以把它画下来呀。"雅鹿建议道。

"放心，我刚才已经用过眼成像的能力把这景象完成了。"霖瀚说着便拿出刚才画好的盐麸木展示给大家看。

在霖瀚展示画时，罗罗老师拿起一个瓶子准备刮取薄盐，刚把刮刀抵在盐麸木的果实上就听到一声呵斥。

"住手，你要干什么！"盐麸木精灵缓缓睁开眼睛，对着罗罗老师说道。

罗罗老师一行人被这突如其来的一声呵斥吓了一跳，正愣神中，精灵又说道："你们这群人类进入秘境森林要干吗？"

罗罗老师最先回过神来回答道："我们进入这里是因

为一封信，那信上让我们来此寻找一棵百年桃树。刚才并不是想伤害你们，只是想从你们的果实表皮上刮取一些盐。"

"这样子啊，你们要我们果实上的盐做什么？"盐麸木精灵继续询问着。

"可以调味呀，煮菜没有盐总少了点味道。"雅鹿立刻说道。

罗罗老师看着盐麸木精灵们问道："我们可以刮取你们果实上的盐吗？"

盐麸木精灵们看了看彼此，随后低语交流着。不一会儿领头的精灵开口道："这里已经好久没有下雨了，我们果实外皮上的盐堆积了太多，使得我们也感觉不自在。正好你们需要这些盐，那你们就把它们刮去使用吧，也能让我们的果实轻松些。"

"那真的是太感谢你们了。"罗罗老师对盐麸木精灵们表示感谢，随后拿出几个小瓶子分给其他人，"我们赶紧刮取吧。"

盐麸木的盐看着多，但实际上每一簇果实上能刮取到的盐还是比较少的，所以罗罗老师一行人忙碌了一小时各自也才刮了小半瓶。

洪林看了看手表："都已经是下午四点半了，我们要不分两小队吧，我和罗罗老师去看看有没有其他可吃的或者找些野叶菜、蘑菇回来煮，雅鹿、小雯师妹和霖瀚你们三个继续在这里刮薄盐，这个建议怎么样？"

"我觉得很不错，这样既不会耽误我们取盐，也不会因为只做这一件事导致晚上没有食物吃。"小雯师妹表示赞同洪林的提议，其他人听完也点点头表示同意。

"那你们先在这里刮盐，要注意安全，我和洪林继续向前看看情况。"罗罗老师叮嘱着其他三人。

"这点小事就交给我们三人吧，我们保证完成任务！"雅鹿说完干劲十足地继续刮盐，其他两人也不甘示弱。

罗罗老师看着干劲十足的三人笑了笑，然后就和洪林往前走。

刮盐三人组终于把那几个瓶子都装满了盐，一个多小时不停地刮盐累得他们坐靠在了盐麸木树下。

"哇，不知不觉时间过得那么快啊，这天色都开始泛黄了。"雅鹿望着天边落霞开口说道，"干活时不觉得累，现在停下来突然就觉得又累又饿了。"

"今晚我们就能用这些薄盐做好吃的啦！我都开始期待罗罗老师烹饪的美食啦。"小雯师妹举着手里盛着盐麸木盐的瓶子说着。

霖瀚看着罗罗老师他们离开的方向说道："罗罗老师和小林师兄怎么还没有回来？这太阳都要下山了。"

话语刚落，就看到罗罗老师和洪林提着两大袋子的食物回来。

"你们把那几个瓶子都装满啦,真的是太棒了!"罗罗老师看到满满的几瓶盐随即夸奖着刮盐三人组。

"我们回今天中午吃鱼的那个地方休息,我和罗罗老师去找其他食物的时候往前走,发现这边继续往前走没路了。"洪林说着在那边看到的情况。

"那我们赶紧走吧,回到中午那地方也需要半个小时。"雅鹿说道。

罗罗老师收好盐后对盐麸木精灵的慷慨表示感谢。

盐麸木精灵回答道:"是我们应该感谢你们才是,你们把果实上的盐刮了,减轻了我们身上的负担。"

三

罗罗老师一行人终于在太阳下山前回到了中午休息的地方,还好中午烤鱼时搭的架子还在,为晚餐准备省了不少时间。

洪林表示他去看看中午设的捕鱼陷阱里有没有鱼,罗罗老师也把采到的野生菌拿出来清洗。

霖瀚看着袋子里的蘑菇疑惑地问道:"这都能吃吗?会不会有毒啊?"

"不会的,这些黑牛肝菌、鸡枞、奶浆菌和米汤菌等都是可以煲汤做菜的无毒野生菌。"罗罗老师回答着。

洪林提着鱼虾回来的时候，罗罗老师刚好准备开始煮蘑菇汤。

"有虾正好，把虾一起放进蘑菇汤里煮，一定很鲜美。"罗罗老师接过鱼虾说着，"鱼还是做成烤鱼吧，我们有盐了，味道一定比中午要好。"

"可以啊，中午的烤鱼除了淡了点以外，其他的都特别好！"雅鹿回味着中午的那顿烤鱼。

随着罗罗老师那行云流水般的操作，不一会儿烤鱼和蘑菇鲜虾汤的香味就弥漫在空气中。

"哇，好香啊！"早已饥肠辘辘的众人闻到食物的味道不禁发出赞叹。

就在其他人赞叹食物的香时，罗罗老师拿起煮菜剩下的盐麸木盐，往瓶子里加入了水。

"罗罗老师你为什么往盐里加水呀？"小蒿疑惑地看着罗罗老师做这些。

听到小蒿的话其他人也看向罗罗老师。

罗罗老师晃了晃瓶子回答道："这个是醋哦。"

"醋？"小蒿愣着反问。

"盐麸木的薄盐不仅能当盐使用，将盐溶于水中还可以做成醋。"罗罗老师拿着醋解释道，"《山海经》里就有记载，'今蜀中有构木，七八月中吐穗，穗成，……可作酢羹'。我们现在所在的世界就和《山海经》的相似，所以我就想试一试，没想到真能做出醋的味道。"

"没想到盐麸木还能作醋用，又有新发现了。"小雯师妹点着头道。

"不仅如此，盐麸木的根、叶、花、果均可入药，有清热解毒、涩肠止泻等效果。"罗罗老师对着其他人说着，"好了，赶紧吃晚饭吧。"

"这鱼加了盐之后更有味道了，更好吃了。""这个蘑菇吃完会不会出现蘑菇精灵啊？""你这是害怕中毒吗？哈哈哈……""放心啦，在这里我们就是不吃野生菌也能看到精灵。哈哈哈……"众人你一言我一语充满乐趣。

夜色彻底将整个森林罩住，罗罗老师一行人围坐在火堆旁，一边享用着美食一边谈论打趣。这一天的收获也是颇多，不知道接下来还会发生什么呢？……

知识小问答

盐麸木

盐麸木盐可以用来代替食用盐吗?

可以但是没有必要,在古代盐资源匮乏时,人们会选择提取盐麸木盐代替食用盐。但是到了现在,食用盐从功能性和口感上都是高于盐麸木盐的。

老师,快看,那里有好多蜜蜂啊!盐麸木是蜜源植物吗?

我看看,那个是胡蜂,不是蜜蜂,盐麸木是蜜源植物,由于胡蜂属于杂食性蜂,不但吃蜂蜜,还会到蜜蜂的蜂窝里面盗取蜂蜜,甚至直接抓成年的蜜蜂去喂养胡蜂的幼虫。两三只胡蜂就可以灭掉一个蜜蜂群,所以一旦有胡蜂,蜜蜂可就不会采集盐麸木的蜜了哦!

盐麸木

Rhus chinensis Mill.

科属： 漆树科，盐麸木属
别称： 五倍子树、五倍柴、山梧桐、
　　　　木五倍子、角倍等

形态特征

生活型： 落叶小乔木或灌木

株： 高2～10米

叶： 奇数羽状复叶，有小叶，纸质

花： 圆锥花序宽大，多分枝

果： 核果球形，略压扁

生态习性

国内产地： 除东北、内蒙古和新疆外，其余各地均有。

国外分布： 分布于印度、东南亚及东亚其他地区。

物候期： 花期8～9月，果期10月。

文献记载

《本草纲目》记载："生津降火，化痰，润肺滋肾，消毒，止痢收汗。"

药用价值

盐麸木可清热解毒，散瘀止血。

书籍参考

《本草纲目》

第十一章

油茶

一

经过一晚的休息整顿后，罗罗老师一行人活力充沛地朝着秘境深处继续前行。不知接下来的旅程又会发现什么呢？

"你们有没有越走越冷的感觉呢？"小雯师妹向着众人发出疑问，"从我们穿过刚才那片草地进入这里之后，感觉越往前走，温度就越低。"

"是啊，我也发现了，而且总感觉会有什么事情发生。"雅鹿也附和着说出了自己的感受。

洪林看了看周围，缓缓说道："可能是因为这里身处山谷地带，植被茂盛，造成气温比刚才在草地时低了些吧。"

一行人继续前行着，突然松鼠小蒿在霖瀚身上不安地蹿动，好像是看到了让它害怕的东西。

"小蒿你这是怎么了，怎么一直在蹿动？"霖瀚捧着小蒿担心地问道。

"没事，只是因为这里的磁场让我感觉很不舒服，让我很焦躁。"小蒿说道。

窸窸窣窣、窸窸窣窣……

"这是什么声音？"众人环顾四周，突然发现声音是从左侧的灌丛林里传来的。

罗罗老师一行人小心翼翼地往左侧走去，发现是一只棕熊正在偷蜂蜜吃。

"这只棕熊太可恶了，不但偷吃，而且吃不完的蜂蜜居然拿来玩，这就是在浪费食物。"雅鹿看到这幅场景生气得手握成拳。

这时一群蜜蜂朝棕熊方向袭来，棕熊继续不慌不忙地吃着蜂蜜，看样子像是作案多次的老手了。

"你又来偷吃我们的蜂蜜，这次我们必须让你知道我们的厉害！兄弟们，上！"眼看着这群蜜蜂即将蜇上棕熊的时候，棕熊一个翻身躲了过去。

"来呀，都多少次了你们还是蜇不到我，这次肯定也一样。"棕熊一边跑一边得意洋洋地炫耀。

眼看着棕熊即将往罗罗老师一行人躲藏的方向跑来，罗罗老师马上指挥着其他人说："洪林你和霖瀚拿着绳子去前面绑在树干上设个可以绊倒棕熊的机关，记得弄好后爬到树上，雅鹿和小雯我们三个去那边灌木丛比较多的地方躲躲。"

"我们得小心一点，不要打扰到蜜蜂，不然它们会以为我们要对它们造成伤害而对我们展开袭击的。"罗罗老师提醒着身旁两人。

罗罗老师三人低伏着慢慢地往后退去，躲到一处既能看到前面棕熊情况又能藏身的地方。

"嗞！好痛，什么东西叮我？"雅鹿还没看清是什么东西就又被叮到手，雅鹿立刻蹿了起来。

这时一小群蜜蜂精灵从草丛里飞了出来："这些人肯定是和那可恶的棕熊一样是来偷蜂蜜的，我们赶紧把她们赶走。"蜜蜂精灵说完就朝着罗罗老师三人飞过来。

罗罗老师看到蜜蜂精灵立刻提醒雅鹿和小雯师妹小心，保护好自己，快点离开这里。

眼看着这一小群蜜蜂精灵即将伤害到罗罗老师三人，在这时突然听到一句呵斥："快住手！"

蜂群们听到叫停声都停了下来，可就是有些小意外发生，冲在最前方的那只蜜蜂小精灵来不及收住直接蜇到了小雯手上。"嗞，好痛！"

"你们在干什么！不是叫你们住手了吗。"刚才叫停的蜜蜂精灵愤怒地对着这群蜜蜂精灵说道。

"对不起，他们是住手了。是我，是我飞太快了没收住伤害到了她。"蜇到小雯师妹的蜜蜂小精灵低声地解释着。

其他蜜蜂精灵看到小精灵道歉维护道："这不能怪小蜂，本来就是这几个人想偷我们的蜂蜜，说不定她们和棕熊是一伙的。"

这时一大群蜜蜂精灵从罗罗老师她们身后飞来，洪林和霖瀚也跟着他们走了过来。

"谁说她们和棕熊是一伙的？"为首的精灵老者发话了，"要不是他们，我们今天都不可能抓住棕熊并且教训它一顿，你们怎么可以这么对待我们的恩人呢？"

罗罗老师三人面带疑惑地看着洪林他俩，洪林用眼神表示说来话长，晚点再说。

二

精灵老者面带歉意地跟罗罗老师三人表示这是一场误会，小蜜蜂精灵太鲁莽了才会伤害到她们。

罗罗老师也向精灵老者表示无碍："是我们不小心闯入蜜蜂的地盘才导致的误会。"

"我就说今天隐约觉得会出事，没想到还是没躲过。"雅鹿摸着伤口说道。

"可能是我们刚才往这边躲的时候注意力都在棕熊那边，所以没注意到这边也有蜂巢，不过还好有神奇药水，师姐给你。"小雯师妹从包里拿出药水递给雅鹿，而自己则因为有治愈能力不需要用到药水。

罗罗老师看了看周围："这种天气在地球的话明显是冬季了，怎么还会有大群蜜蜂活动呢？"

"这秘境也太不正常了吧，这么冷的天这些蜜蜂的攻击力却一点也不弱。"雅鹿涂着药水说着。

精灵老者听到罗罗老师几人的话觉得有些羞愧，开口道："不知各位为何从原世界来到这异世界？"

"我们进入这秘境是受人所托来寻找一颗百年桃树，只是没想到队伍走散了。"罗罗老师说着来到这里的目的，"不过我们来到这里已经有一段时间了，当初所带的食物用得差不多了，现在我们急需要一些食物，因为我们不知道会在这里待多久。"

精灵老者看了看周围的蜜蜂精灵们，对罗罗老师一行人说道："请你们跟我们来。"说罢精灵老者就带着蜜蜂精灵们飞了出去。

罗罗老师一行人对视了一眼，大步跟了上去。不一会儿就看到一片大小不一的蜂巢出现在眼前，好像进入了蜜蜂王国。

"请你们跟我来。"小蜂精灵见众人停下便来到众人身边说道，众人继续跟上前，走到一个蜂巢前小蜂精灵突然停下诚恳地说，"这里面是蜂蜜，刚才爷爷和我说你们可以把这些全带走，一些小心意，只为聊表刚才攻击你们的歉意，同时也是为了感谢你们出手相助的恩情，请你们务必收下。"

"哇，这也太多了吧。"小蒿惊喜地看着蜂蜜。

罗罗老师一行人推脱了一番，但最后难抵蜜蜂精灵的盛情便收下了蜂蜜，在参观了偌大的蜜蜂王国之后就再次启程朝前走去。

三

"没想到经过蜜蜂这一事，我们竟然获得了蜂蜜。"洪林边走边说着。

"对了，你们做了什么，怎么那个精灵老者说是你们帮助了他们？"罗罗老师不解地问。

洪林听到罗罗老师的疑问解释："老师，你不是让我和霖瀚去设陷阱绊倒棕熊嘛，我们布置好陷阱后就听你的爬上树了。"

"然后呢？然后呢？"雅鹿兴奋地催促着洪林继续说。

"然后可能是那只棕熊太得意忘形了，被绊倒后直接撞到树干上晕了过去，我们看到后立刻下来，趁此好机会把棕熊给绑了。那群蜜蜂精灵飞来之时刚好看到我们在绑它，就过来帮忙，绑完后这群蜜蜂精灵还不忘收拾棕熊一顿。"洪林继续说着。

"那只棕熊醒来你们不就危险了吗？怎么还敢放任蜜蜂去收拾它？"罗罗老师担心地问道。

"我们也怕，只是没想到拦都拦不住那些蜜蜂精灵们，他们就是要上去收拾一顿棕熊。"霖瀚开口道，"不过还好，这只棕熊胆儿还挺小的，而且它被蜇醒后看到的是我和师兄在劝蜜蜂精灵不要再蜇了，也对我们心生感激。"

罗罗老师又问道："那后来呢？棕熊和蜜蜂精灵的事情怎么解决了？"

"那只棕熊在我们面前认识到了自己的错误，并保证以后不再偷吃蜂蜜和毁坏蜂巢了，达成友好协议后，精灵老者才同意放了它。"洪林说着后续的事情。

"嗯嗯，和平解决了就好。不过以后再遇到棕熊要记得躲避，这类动物是很危险的，尽量避免正面冲突伤害到自己。"罗罗嘱咐着其他人。

"还好这事最后是有惊无险，而且小雯师妹的药水不愧是神奇药水，涂在被蜜蜂蜇到的地方，不一会儿就完好如初了，我现在都不记得刚才是哪儿被蜇到了。"雅鹿看了看自己的手脚，试图找到刚才被蜇到的伤口。

"这森林也是奇怪，这种天气蜜蜂居然还在活动，不过想想我们在秘境里这一路过来遇到的就不觉得怪异了。"罗罗老师说着秘境里遇到的动植物的奇奇怪怪。

一行人继续往前走着，突然眼帘映入一片白色花海。

"这居然是一片茶树林。"罗罗老师最先开口道，"准确来说应该是油茶树林。"

罗罗老师走到一棵较矮的灌木旁："你们看，这灌木幼枝密被粗毛。叶革质，椭圆形或长圆状椭圆形，先端渐尖，基部阔楔形，边缘具锯齿，叶面深绿色，具光泽，背面淡绿色，干后呈黄绿色，这就是油茶。"

"油茶的名字由来就像盐麸木可以产盐一样，是因为可以产油吗？"小蒿抱着松子问。

"小蒿真聪明，油茶是世界四大木本食用油料植物之一，而且茶油还具有东方橄榄油的称号，有极高的营养价值，油茶籽产出来的油炒菜可香了，就是提取过程复杂了些。"罗罗老师指着油茶道，"这油茶花色白且无花梗，油茶蒴果近球形。油茶花期在10月至次年2月，而果期在9～10月。"

"奇怪，我记得被子植物的规律是先开花然后才结果，油茶是被子植物，但是油茶的花期怎么在果期之后啊？"小雯听到罗罗老师的介绍后提出了疑问。

"这是一个好问题，被子植物是先开花后结果没错，油茶果生长周期长，在一年左右，开花的时候能看到去年的果，所以会出现花果同在现象。"罗罗老师解释道。

"哦哦，原来如此，又学到了不少新知识。"有人说。

霖瀚拿出画册说着："花果同在，这个不错，我要把它画下来。"

"我觉得好奇怪啊，这片油茶树离刚才的蜜蜂巢也不是很远，现在油茶花开得这么多，怎么没见到有蜜蜂来采花蜜呢？"雅鹿看着油茶花道。

"蜜蜂一般不采油茶花蜜，是因为如果蜜蜂采集油茶花蜜，由于花期气温低，花蜜不易被消化等原因，可能会引起蜜蜂得烂子病，所以我们才没看到有蜜蜂来这儿采花蜜。"罗罗老师回答道。

"好难受啊，你们可以帮帮我吗？"罗罗老师刚回答完雅鹿的问题就听到旁边传来求助声。

"谁？"洪林警惕地看着周围。

这时一个小精灵出现在众人眼前，但那瘦弱的样子让人看着好像一阵风就能把他吹没了。

"别误会，我只是想请你们帮忙。"小精灵连忙解释道，"我是油茶精灵，不过我现在生病了。我身上有虫子作祟，害得我日渐憔悴。"

洪林走到油茶精灵身边仔细看了看，发现在他的果实上确实趴着几只小甲虫："原来是这种东西在捣鬼。"

"这是什么虫子？"霖瀚疑惑地问道。

"这东西叫山茶象，是一种寄居于山茶属类比如油茶和茶树上的重要害虫。"洪林说着就把油茶精灵身上的象虫抓走了。

油茶精灵身上没有了象虫伤害，也不像刚才那般羸弱："谢谢你们帮我，但是我还有一个小请求，希望你们能答应。"

"还有什么需要帮忙的吗？"罗罗老师询问着。

油茶精灵侧身叫出了其他受象虫侵害的油茶精灵："这还有几株与我有同样虫害的油茶，麻烦你们帮忙把虫子抓走。"

看到油茶精灵旁边的好几株油茶都染上了象虫害，罗罗老师一行人都撸起袖子帮忙除虫，果然是人多力量大，一小会儿就抓完并处理了山茶象虫。

"真的太谢谢你们了。"油茶精灵对罗罗老师一行人表示着感谢，"我们没有什么好东西，只有我们自己储存的茶油，如果你们不嫌弃的话，就请收下吧。"

"这可真的是太棒了，那我们就不客气了。"罗罗老师听到有茶油，开心地拿出了背包里的储油罐子。

油茶精灵从果实里取出他们珍藏的植物油，金灿灿的茶油在阳光下很是好看。

"我可以再要一些油茶叶子吗？"罗罗老师跟油茶精灵请求道。

油茶精灵虽然疑惑但还是没有多问就直接把油茶叶子送给了罗罗老师。

洪林看了看手表："现在都下午四点多了，我们得赶紧往前走，找个能露营的地方休息才行。"

罗罗老师一行人告别了油茶精灵继续往前走，来到一处适合休息的地方。

"今晚就在这休息吧，这一整天走来也累了。"洪林说着就开始搭帐篷。

罗罗老师煮好今晚的食物后从背包里拿出刚才在油茶

精灵那讨要的油茶叶子："不知道今晚的气温会不会像之前在峡谷时那样突然骤降，我再煮些油茶水喝。"不一会儿四周飘溢着油茶香。

"大家都喝些油茶水暖暖身体，油茶中含有多种生理活性物质，可以起到预防感冒的作用，驱寒保暖，使人免受寒气侵扰。"罗罗老师拿着刚煮好的油茶水说道。

罗罗老师一行人坐下喝着油茶水聊起了今天发生的事，回想着早上遇到棕熊盗蜜，差点被袭击的一行人都难免有些后怕。喝完热乎乎的油茶水都感觉全身暖和了起来。不知道罗罗老师一行人接下来的路程会有什么奇怪的境遇呢？

知识小问答

食用油茶提取的茶油会比花生油健康吗?

花生油和茶油都含有人类所需要的营养成分，都适用于人类，对于人类来说日常食用的植物油都是健康的，主要还要看个人的喜好。

老师，这个油茶在市场上应该卖得比较便宜吧!

额嗯，这个就跟你想得相反了，在农村里，油茶的价格可达到160～240元一千克，可见市场价格上可能会更高；这个油茶除了出油率低，野外采摘的成本也高于人工种植的，且工序制作复杂，人工成本高。所以油茶在市场上还是比较贵的。

油茶

Camellia oleifera Abel.

科属： 山茶科，山茶属

别称： 野油茶、山油茶、
单籽油茶

形态特征

生活型： 小乔木或灌木状

枝： 幼枝被粗毛

叶： 叶革质，椭圆形、长圆形或
倒卵形

花： 花顶生，花瓣白色

果： 蒴果球形

生态习性

国内产地： 广东、香港、广西、湖南及江西。

物候期： 花期10月至翌年2月，果期翌年9 ~ 10月。

✛ 文献记载

《三农记》记载："掘地作小窖，勿通深，用砂土和实置窖中，次年春分时开窖播种。"

《纲目拾遗》记载："明目亮发、润肠通便、清热化湿、杀虫解毒"之功效。

✛ 药用价值

油茶清热解毒、活血散瘀、止痛。根可用于急性咽喉炎、胃痛、扭挫伤。

书籍参考

· · · · · · ·

[1]《三农记》

[2]《本草纲目》

[3]《纲目拾遗》

第十二章

东风橘

一

罗罗老师一行人继续踏上寻找百年桃树之路，这一路上走来困难重重，但好在收获也多，虽然不知道还会在这里多久，但是一行人也逐渐适应了秘境里变幻莫测的环境及天气。

哗啦啦、哗啦啦，原本晴朗无云的天空突然下起了瓢泼大雨，乌云压低了姿态，天好像要塌下来一般。

"这大雨来得太突然了。"罗罗老师手抵在额头作挡雨状，"我们快找个地方躲雨。"

眼看雨越来越大且周围无处躲雨，罗罗老师（罗罗）一行人不由得加快了前行的步伐。

"啊！"嘈杂的雨声中突然发出一声尖叫，众人停下脚步，发现是小雯滑倒了，而罗罗老师正想去扶住小雯的时候不小心被一起带倒摔下了小坡。

"罗罗老师、小雯师妹，你们怎么样了？"雅鹿急切地跑下来扶起两人关切地问道。

"还好这个坡不高，我只是刚才滑倒的时候脚扭到了，还有些小刮伤，不是什么大问题，等下我自己治疗一下就行了。"小雯检查了一下自己回答道，"倒是罗罗老师怎么样了？"

罗罗老师看了看自己道："我也还好，只是刚才摔下来的时候被树枝、石块划到了，有几处比较严重。"

"前面有一处可以躲雨的地方，我们赶紧过去躲会儿雨，顺便处理一下伤口。"洪林走过来说道。

一行人跟着洪林来到他说的躲雨处，看着这雨一时半会儿不会停的样子，小雯坐下来拿出药水准备治疗伤口。

"罗罗老师你把药水涂在伤口上，十分钟左右伤口就会慢慢愈合了。"小雯说完就开始给自己治疗。

罗罗老师接过药水在伤口上涂了起来，之后一行人便在这里煮了些油茶水喝，坐着等待雨停，不知不觉这雨也下了半个多小时。

"看着雨势有减弱的迹象了，应该再过一会这雨就停了。"霖瀚摸着小蒿说着。

"等雨停了我们就走，这里不适合搭帐篷。"洪林也说道。

雅鹿看了看罗罗老师和小雯师妹，问道："你们感觉怎么样，应该恢复好了吧？小雯师妹的药水很神奇的。"

罗罗老师看着手上和腿上的几处伤口只是比刚受伤时愈合了一点点，便开玩笑地说道："这药水难道对我不管用吗？怎么半个多小时了只比刚才好了一点？小雯你恢复得怎么样？"

"我这边情况也不太好，扭伤的脚也有点肿痛。"小雯按了按自己的脚说道，"刚才我在给自己治疗的时候就感觉有些奇怪，能力好像没办法施展出来，我现在再试着治疗一次。"

其他人看着小雯施展治愈力，却发现这次治疗出现的绿色光芒微乎其微。

"我好像暂时失去了治愈力。"小雯突然沮丧地说道，"目前我们只能使用神奇药水来治疗了。"

"可是之前神奇药水见效都很快啊，之前小蒿受伤，还有我被蜜蜂蜇，用了药水很快就好了呀，怎么这次你和罗罗老师用了没什么作用呢？"雅鹿关心地询问。

"因为神奇药水是和我的治愈能力相联系的，我的治愈力越强，神奇药水见效也就越快，可一旦我的治愈能力施展不出来，神奇药水的功效就会降低。"小雯拿出背包里的纱布和药水帮罗罗老师处理着伤口解释道。

"没事的，既然治愈能力和神奇药水暂时都没办法使用，那我们就使用最原始的方法——自身治愈能力。"罗罗老师安慰着。

说话的工夫，雨水已然退场，而乌云还流连不肯散去。

"现在没有雨了，我们出发吧，找个合适的地方再休息。"洪林说道。

雨后道路湿滑，为避免再一次摔跤，罗罗几人互相搀扶着慢慢往前走去。

二

"我们在往前一点的地方搭帐篷休息吧，今天就先好好休息。"罗罗老师对着其他人说道。

"也好，今天大家都累了，还是先休息吧。"洪林附和着。

罗罗一行人往前走到一片适合露营的地方便停下休整，虽然才中午时分，但是经过刚才的大雨及受伤后，体力明显无法支撑着一行人走太久。

搭好帐篷后洪林说道："你们在这休息，我和霖瀚去附近找找有没有吃的。"

"好，那你们自己注意安全。"罗罗老师叮嘱着他们。

洪林和霖瀚口头保证了之后就朝右方走去，而罗罗几人则留在营地。

"罗罗老师，再给你的伤口上些药水吧，虽然药效没那么快，可有总比没有好。"小雯说着也给自己的伤口上了一些药水。

"嗯，你现在的治愈力无法使用，我们必须找些有药用价值的植物才行，不然你这扭伤的脚都不知道什么时候能痊愈。"罗罗老师涂着药水说道，"也不知道洪林他们能找到什么食物。"

不知过了多久，洪林他们带着找到的食物回来了。

"我们只找到这么一些野生叶菜和蘑菇，还从河里捞了几条鱼。"洪林展示着今天的收获。

霖瀚从背包里拿出画册和一些橘子，说道："罗罗老师，我们刚才在那边挖野菜时看到旁边有一株果实成熟的橘子树，就摘了一些橘子回来，您看看这野橘子能不能吃。"

罗罗老师接过橘子看了看："看它的果实是浆果，球形或扁圆形，果皮紫黑色，具宿存萼片。还是有些难分辨出这是什么橘类，有拍照或者画下来吗？"

"有，我把它画下来了，小林师兄也拍了一些照片。"霖瀚把画册递给罗罗老师看。

"看着有点像东风橘，你们在哪儿发现的？我和你们再过去看看，如果是东风橘的话还可以弄些根叶回来给小雯治疗脚伤。"罗罗老师看完照片后说道。

"就在那河边不远处，我们现在过去吧。"洪林指了指刚才回来的方向。

"等等，如果你们要挖它的根来入药，那就把工兵铲带上吧。"小雯叫住洪林他们。

"行，那雅鹿你们两个就在这儿等我们回来。"罗罗老师说完便跟着洪林他们往刚才的地方去。

不一会儿，洪林三人就来到了采摘橘子的地方。

"单叶互生，叶狭长椭圆形，先端圆，明显微凹，基部圆至楔形，边缘全缘，叶革质。这个就是东风橘了，芸香科的灌木。"罗罗老师看了看说道，"我们赶紧挖些橘根和摘些橘叶回去，东风橘有治疗跌打肿痛的功效。"

"老师你摘叶子就好了，挖橘根的事还是让我们男生来。"洪林说完拿着工兵铲就准备动手了。

正准备动手的罗罗三人突然看到身旁的东风橘动了起来。

"等等，我们自己来。"东风橘精灵立刻出来阻止洪林用工具挖橘根，"你们刚才说的我们都听到了，我们可以直接给你们，这样你们就可以不用自己动手挖了。"

在罗罗三人还没有反应过来的时候就看到眼前放着一捆橘根和一袋子橘叶。

"这些够了吧？不够的话我再给你们些。"不等罗罗三人开口，东风橘精灵又放了一袋橘子在眼前。

"够了够了，这已经很多了。"看着这雷厉风行的东风橘精灵，罗罗老师突然就忘记了客气一番。

"那就行，没有其他事你们就走吧！"东风橘精灵也不等罗罗三人道谢，直接开启了撵客模式。东风橘精灵这霸道的样子当真是对得起它作为柑橘类最复杂的橘子的称号了。

"我们赶紧回去吧，这天色也不早了。"罗罗老师看了看天空说道，"这些够用好几天了。"

回到营地，罗罗老师拿了一些根叶捣碎敷在小雯扭伤的脚上，又拿了一些根叶煮了一小锅水。

雅鹿看着罗罗老师煮东风橘根叶开玩笑地问道："这东风橘治疗脚伤肿痛需要外敷内服吗？"

"不是啊，煎煮东风橘根叶是因为东风橘有治疗感冒的功效。今天大家都淋了雨，怕感冒了，所以煮些水喝下预防也好。"罗罗老师继续说道，"东风橘除了有治疗感冒和跌打肿痛的功效以外，它还有祛风解表、化痰止咳、行气活血的功效，常用于治疗咳嗽、疟疾、胃痛、风湿痛等病痛。"

"没想到一个东风橘居然有这么多功效啊！"小蒿抱着橘子感叹道。

"不止这些哦，橘子皮还可以制精油，制作出来的精油可以防蚊虫以及缓解疲劳。"罗罗老师补充道。

等到东风橘水煮好后，罗罗一行人都喝了一些。在寂静的森林里，罗罗老师一行人在讨论着：我们来到秘境这么久，与我们走散了的狮子老师一行人现在怎么样了？百年桃树又在何方？这一切都还是未知，还等待着去探寻……

在原地休息了两天之后，罗罗老师和小雯的伤都好得差不多了，罗罗一行人终于准备再次启程探寻这无边际的秘境，不知前方还有什么等着他们呢？他们能和狮子老师汇合吗？

知识小问答

老师，东风橘和柑橘名字里都有橘，那它们都是柑橘属的吗？

虽然东风橘和柑橘名字里都有橘，但是东风橘属于酒饼簕属，药用价值高。柑橘是柑橘属的，我们经常会食用它的果实，比如金橘、香柠檬、血橙、沙田柚等它们都是柑橘属的。

老师，东风橘也是可以止咳的吗？

东风橘是一种中药，它的根和叶都有对应的药效；古时候的人会用它来治咳嗽、疟疾。

东风橘

Atalantia buxifolia (Poir.) Oliv.

科属： 芸香科，酒饼簕属
别称： 酒饼簕、狗骨簕、山橘簕、乌柑

形态特征

生活型： 灌木

株： 高达2.5米

茎： 茎多刺，稀无刺

叶： 单叶，硬革质，卵形

花： 花多朵簇生叶腋，稀单生

果： 果球形，稍扁圆/近椭圆形

生态习性

国内产地： 海南，台湾、福建、广东、广西四地南部，通常见于离海岸不远的平地、缓坡及低丘陵的灌木丛中。

国外分布： 菲律宾、越南。

生境： 山地林中。

物候期： 花期5 ~ 12月，果期9 ~ 12月，常在同植株上花果并茂。

✚ 文献记载

《岭南采药录》记载： 理跌打肿痛。又能止痛，去风痰，瘫痪用之有效。苏劳伤，理咳嗽，除小肠气痛。

《陆川本草》记载： 驳骨消肿，止痛去瘀。治跌打折骨，风湿骨痛。

✚ 药用价值

东风橘的根和叶可入药，有祛风解表、化痰止咳、行气活血、止痛的功效。

书籍参考

● ● ● ● ● ●

[1]《岭南采药录》
[2]《台湾药用植物志》
[3]《全国中草药汇编》

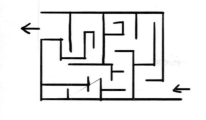

第十三章

榕属

林丛中杂草横生，溪水潺潺不知流往何处，山中道路漫长，即使身边浮现许多奇幻而有趣的事物，依旧不能掩盖大家仍然迷失在异世界的孤独。溪边沿岸林梢处，远望星光闪烁，路途总是无趣的，有时会有几只昆虫或小哺乳动物冒出头，好奇地望着这队无趣的人类。

大家仍然兴致勃勃地调研着沿途的植被，路边开始出现一丛丛摇曳着身躯的萱草，这是人间有忘忧之誉的忘忧草。盛开的花蕊散出点点星光，顺着林风飘洒在林路上，石台阶上落下了层层叠叠的花蕊，宛如金粉铺阶一般，未开或半开的花苞都把光芒藏在花瓣中，等待着花朵绽放的时刻。

"大家快看，又是一个奇特的品种，菌菇类很早就被发现有能够发光的品种，但萱草几乎没有见到过发光的品种。"狮子老师招呼着大家上前观察。

"会不会这也是一个精灵呢？"徽音问道。

"应该不是吧！我们不是要前往榕爷爷迷宫吗？"果子师姐说道。

"前面应该就是了，看那个发达的榕树根系。"十二师弟说道。

"好久没有见到这种独木成林的景象了，在以前这种老树都是村落里面的风水树，一棵榕树承载着一个村落的寄托与期待。"狮子老师一脸怀念地说道。

"好久没有见到人类了，要来玩一玩迷宫吗？很多鸟儿都很喜欢，在这里可以交到很多朋友。想要找到问题的答案，也可以在迷宫中找到线索。"一个苍老的声音从身前的榕树中传来，随着拐杖踏地的声音响起，一个老人慢悠悠地走出来。

众人正诧异，但依旧决定进入迷宫，开始在迷宫中寻找答案。在鸟儿们的帮助下，大家终于寻找到了正确的入口。

接着，大家很快前往下一个地点。

知识小问答

榕属

老师老师，榕树是不是可以活很久啊，感觉我们这一代的童年都有一棵老榕树的陪伴。

哈哈哈，我们那一代童年也是有大榕树，可以在上面爬来爬去的。榕树的寿命是非常长的，最长可以达到千年以上，一般情况上百年也是很正常的，所以那棵陪你的榕树可能在你爷爷那一代的童年就存在了噢。

老师，哪些榕属的果实是可以吃的呢？

谈到这个，范围就广了。像城市里也可见的青果榕，农村中的异叶榕，榕树，等等，这些树的果实成熟时，可以采摘，但不宜多吃哦！

榕属

Ficus

科属：桑科内的其中一属
别称：无

形态特征

生活型：乔木、小乔木或灌木

株：常绿，稀落叶，乔木/灌木

叶：叶互生，稀对生，全缘，
稀具锯齿或缺裂

花：花单性，雌雄同株或异株

果：榕果腋生或生于老茎

生态习性

榕属多喜阳和温热气候，为强阳性树种，根系庞大，耐热、怕旱、耐湿、耐瘠、耐酸、耐阴、耐风、抗污染、耐修剪、易移植、寿命长。

野外常见榕属

无花果：约汉代传入新疆，唐代传入中原，除了入药外，还可做成各种美食，吃法多样，比如鲜食，做成果汁、果酱、蜜饯，煲汤等。

五指毛桃：传统中药材，两广地区常用其根须煲汤，具有一种类似椰子气味的香气。

薜荔：又名凉粉果，爱玉果。果子可作为凉粉的原材料，加上白糖、白醋、蜂蜜等食用。

天仙果

薜荔

书籍参考

• • • • • •

《中国植物志》

第十四章

山竹

一

罗罗老师一行人仍然在这秘境河边，这里应该是林中秘境最适宜生物居住的地方了，溪流湍湍，附近还一直充满着各种精灵的叫闹声，充满着跟地球一样的生命力。

赤脚沿着河边走去，踩着鹅卵石，每走不远便有不一样的野果，或者有一种林中秘境独特的，别有一番不一样的滋味；又或是人间熟悉的果子，让众人再一次怀念起在人间的生活……

"真的好想在这里多待几天，可惜我们食物不太够了，要尽早出发赶路找狮子老师他们了。"罗罗老师计划着后面的路程，担忧是否还能顺利出去。

"根据我精确的计算，过几天后可以见到狮子老师。"洪林因为自己那神奇的能力，好像又要再次预言成功。

"别太担心这些，这么好的景色，好好享受生活吧！"罗罗老师说道。

二

罗罗老师一行人在河边玩了一会儿水，忽然看到一群白色的小家伙也泡在河中，看起来像是一群晶莹剔透的小白兔，这又会是哪一种精灵呢？

"看见那些小家伙了吗？"霖瀚指着前方说。

"走，我们过去看看，记得带上你的小松鼠。"洪林向着小白兔精灵那边游了过去。

霖瀚和洪林又一起出去跟精灵们进行"友好交流"，但愿这次他们不要再出什么意外。

"喂，小家伙们，在这里泡澡啊？"小嵩重复着洪林说的话。

"哼呜，哼呜。"就是精灵们发出的声音。

"你们是来侵犯这片河水的吗？这是在打扰我们的行动！"说罢，众精灵跳出河面，组合成了一个大的肉球状形态，然后变出黑色的盔甲包裹全身，好像这是精灵们的"合体形态"，然后就向霖瀚和洪林滚去。

"我想起来了，这有点像山竹啊。"

"师兄还在想什么啊，快跑啊！"霖瀚拖着洪林拼命跑开。

就在二人要被精灵追赶撞上之时，"救世主"雅鹿及时赶到，召唤出守护神挡在前方，精灵像失控了一样一直向前撞击。

"呼，小鹿师姐，幸好有你啊！"

"跟你们两个一直说了，不要擅自行动！"罗罗老师板着脸说道。

"快想办法啊，我快坚持不住了。"

"我们是异世界来的人类，不是对你们有恶意的啊！"洪林解释说道。

"原来是异世界的人啊，刚才以为又是来占领河流的那群妖兽呢！我们是栖息在这附近山竹林的山竹子。"山竹子们说完解除了黑色的外衣，又变回一个个小小的白兔形态。

"妖兽？有什么可以帮忙的吗？"罗罗老师说道。

"最近这河边来了一群以前没见过的妖兽，一直侵占这河流，驱赶我们，不让我们下河，因为这个也争斗好多次。"山竹子说道。

"不能问问原因好好交流吗？"罗罗老师问。

"哦，那个……，我们听不懂彼此的语言。"山竹子说。

"那也许我有办法了，能带我去见他们吗？"罗罗老师问。

三

山竹子带着众人来到河流上游处，见到了一群像豹子一样的生物，但与其不同的是他们身上长满了叶子。那群妖兽看到山竹子就立刻扑了过去，山竹子也是早有防备，变成合体形态顶了过去。

"你们不要再打啦！小嵩，你去看看，跟那妖兽能不能交流。"罗罗老师说。

"你们不要再争斗了，有什么事情不能好好说吗？"小嵩道。

妖兽听到小嵩说话停下了手："我居然听懂你说的话，你跟我们是同类吗？"

"我们是来自异世界的，我能听懂林中秘境所有生物的语言，你们是有什么矛盾吗？"小嵩道。

"我们是最近刚迁徙过来的叶豹，本觉得这里很适合居住，但是一想到在这里喝的河水是这群精灵的洗澡水，我们就受不了！"妖兽说。

"凡事还讲先来后到呢！你们这群入侵者有什么资格说！"精灵们与妖兽们互相说着彼此听不懂的语言，在不停不休地争吵着。

"一个是要喝水，一个是要洗澡，那不如你们洗澡的在下游，喝水的在上游。这样就彼此不干扰了，可不可以？"小嵩提议道。

"我们是新来的，没有什么意见。"叶豹低着头说道。

"我们下游也还有一片居住地，也没有什么意见。"山竹子说道。

所以事实证明，有效的沟通往往是比无休无止的争吵容易解决问题的。

"谢谢你们帮我们解决问题，请来我们居住地参观一下吧，那里的山竹随便摘。"山竹子说。

就这样众人来到了山竹子们的居住地，那是一大片的山竹树丛。

"原来山竹树长这样的啊，那平时你们是睡在上面吗？"霖瀚问道。

"不是的，我们睡觉是围在一起的。"说完山竹子便演示了一遍，他们围起来趴在一起，然后长出黑色外壳，像极了带壳的蜗牛。

"山竹树就是这样子的，是12～20米的小乔木，其实山竹的学名很多人都不知道，山竹的学名叫莽吉柿，但是跟柿目柿科没有一点关系，是属于山茶亚目中的藤黄科。山竹富含各种人体所需要的维生素，还有丰富的蛋白质和脂类，与榴莲有同样'水果之王'的美称。不一样的是吃山竹不上火，吃了有清凉解热、降火润燥的功效。其外皮还可以加工制作成为鲜艳的染料。"罗罗老师科普时间到了。

"你们摘些山竹带回去吧。"山竹子说。

"那真的是太谢谢了，我们就不客气了。"罗罗老师说。

就这样，罗罗老师一行人又再次收获了野果，又是一次大丰收。

知识小问答

山 竹

老师，有的山竹里面会有黄色的物质，那个是啥东西？这种山竹可以食用吗？

少许的黄色物质是山竹自身分泌的物质，这种山竹是可以食用的，但是如果果肉大面积变黄的话，就是已经变质了，不能继续食用。

老师，一般山竹会长在什么地方呢？

山竹原产自东南亚，在泰国、马来西亚、缅甸和菲律宾等地栽培得较多。尤其是泰国，是种植产量最多的国家。在我国并不盛产，不过也有引种和栽培，例如广东、福建、海南等地，它对环境的要求非常严格。

山竹

Garcinia mangostana L.

科属： 藤黄科，藤黄属

别称： 山竺、山竹子、倒捻子、
莽吉柿

✚ 形态特征

生活型： 小乔木

株： 高12～20米

枝： 具明显的纵棱条

叶： 椭圆形或椭圆状矩圆形

花： 雄花多朵簇生于枝条顶端，
雌花单生或成对，着生于枝
条顶端

果： 成熟时紫红色

✚ 生态习性

国外分布： 原产于马鲁古，亚洲和非洲其他热带地区广泛栽培。

物候期： 花期9～10月。

文献记载

《瀛涯胜览》记载：爪哇国有芭蕉子、莽吉柿、西瓜、郎级之类。其莽吉柿如石榴样，皮内如橘囊样，有白肉四块，味甜酸，甚可食。

药用价值

山竹的树皮、树叶、种皮、果皮和根都具有不同的药用价值，日常中吃果肉具有降火、美容肌肤的功效。

书籍参考

[1]《瀛涯胜览》
[2]《中国植物志》

第十五章　洋蒲桃

安静祥和的丛林间，在丛林顶端可以见到树木们害羞避开对方的模样，树木顶端羞避是一种可爱到让人难以想象的植物行为，却真实地出现在人们眼前，鸟儿蹦蹦跳跳地捕食着草丛间的飞虫们，忽然一个气愤的声音穿透、打破了丛林间安静的气氛。

"啊啊啊，我的坚果能量棒！居然拿了我最爱的巧克力味，快还给我。"徽音生气地追着余甘子精灵，想要他放下手中的能量棒，余甘子精灵左右闪避得飞快。

一番打闹追逐战结束后，瓢虫胖小突然嗅了嗅周围的气息说道："我闻到洋蒲桃姐妹小房间的花香了，太好了，我们快点走吧！"

顺着玫瑰的香味，众人来到绒花般的世界，春季一到，洋蒲桃姐妹的花房变成金黄色时，花房顶上的廊道便冒出丝状花瓣，一缕缕绽开，一朵又一朵娇柔可爱的花和饱满金黄带红的果实正在枝头上等待着客人的到访。

"奇怪了，怎么还没有到，难道是我记错了方向？可是气味是不会骗人的。"瓢虫胖小在一旁纠结着到底是否走错方向。

余月说道："先别纠结了，快到午餐点了，我们该吃饭了。"

于是大家选中了一块靠近溪流位置的平坦地段，拿出桌子开始准备起午餐，大家就着昨天剩余的果汁和糕点。

小林看着桌面上的糕点碎屑自告奋勇地说要去溪边打水清洗桌面，狮子老师也好奇溪边生长的那两棵植物是什么，其他人觉得饭后久坐对身体不好。

于是大家便都前往溪边打水，没想到小林的第二桶水中，意外打捞到两只漂浮在水面的小精灵，大家好奇上前围观。只见他们眼中映照出来的人类，一个个都比他们更加庞大，就连余甘子精灵和瓢虫胖小也变得身躯硕大起来。

狮子老师好奇地戳了戳其中一只小精灵的头发，亚麻白金色的头发看上去蓬松柔软，随着手指移开后，缓缓回弹起来。小精灵气鼓鼓地望着狮子老师，恼羞成怒的他忽视了体形的差距，凶猛地跳了起来一口咬住狮子老师的手指。

不料因体重太小被狮子老师轻易拎起来，他只好紧紧地咬住手指不放，另一只小精灵见状急忙去抓他的脚丫子，却不小心把鞋子卡进水桶凹槽，为了把鞋子拔出来，在水桶里面滚了一圈。

徽音见状只好从包里拿了几根能量棒，撕开包装，在洋蒲桃小精灵面前举着说道："我手上有好吃的，别咬了。"

两只年幼的精灵在食物的诱惑下，非常大度地放过了人类。"人类，既然你们虔诚地献上了贡品，那我们就原谅你们了。"两只小精灵异口同声地说道。

瓢虫胖小说道："我准备带他们去你们的小屋住一晚。"

"原来你们想要去我们的小屋？也不是不可以，但是要用好吃的交换才行。那就再来四根能量棒吧！"两个小精灵齐齐叉腰说道。

"行，那我们就说好了。"果子说道。

"奇怪，他们明明知道我包里有多少根能量棒，为什么只要四根呢？"徽音疑惑地问道。

"因为修行在于修心，而修心则是为了约束自己。只有能够正确约束自己，才能明晰自己的本心。"瓢虫胖小说道。

到达洋蒲桃的毡包式圆顶小屋后，大家发现小屋与众人的身高差异过大，此时洋蒲桃小精灵拿出一个荷包、"这里面的药吃两颗就能够变成和我们一样的体形。"

"这里是我们的果酱、果膏、蜜饯制作房，虽然有很多植物小精灵也来我们这里参观过，试图模仿制作果酱、果膏，但无论如何，他们都模仿不出来那种独特的味道，这是我们独有的天赋，旧时人类总称呼我们为洋蒲桃香果呢！要来吃一点吗？"他们一脸骄傲地说道。

"可以吗？那给我些蜜饯，谢谢！"果子指着褐红色的，上面挂着金色糖浆的蜜饯说道。

"那麻烦给我些果酱。"徽音看了看金黄色的果酱说道。

大家纷纷要了自己想吃的食物，很快就到了夜晚，蒲桃姐妹为大家准备了特色的果子晚餐，洋蒲桃小精灵说："我们有个朋友在海边，他那边好吃的食物也很多，很适合你们前往。若是你们过去，带上我们的花，他一看便知。"

"那你的朋友叫什么呢？在海边吗？"十二问道。

"我们的朋友叫海椰，他在的地方有着最美丽的海与海滩冰泉，你们一定会喜欢的。"洋蒲桃小精灵说道。

吃完后大家看着天空上闪烁的星星，感叹道，在城市已经很久没有看到过这样的星空了。

"是啊！我以前就算不上山调研，透过自己家的窗户也能看见星空，现在的话，那可就难了。"狮子老师叹息一声说道。

"我小时候在外婆家的阳台上也常常见到成片的星星，那时我想每一颗星星都有这么多星星在陪着它，是一件多么幸福的事情。到后来，天空中的星星变成一小片，再后来昏黑的天空中星光变得越发缥缈，只有零星的几颗星星，就连星星也开始感到孤独了。"徽音说道。

"在老家的林区其实也能看见星星，但是在城市里的孩子，夜晚能够看到星星的时光太过于短暂了。"余月说道。

知识小问答

洋 蒲 桃

我们所吃的洋蒲桃是莲雾吗？为什么吃起来没有在水果市场买的那么酸甜？

是的是的，就是我们所熟悉的莲雾，在潮汕那边也称无花果。总体来说，野外所吃的野果口感和味道是略逊于人工种植的。所以吃起来没买来的好吃是正常的。

这个洋蒲桃好好吃啊，可以当作晚餐来吃了。

嘻嘻，最好不要多吃哦，不然你得多跑几趟密林了，这种水果性质寒凉，小孩子不宜多吃哦，女生要特别注意，别因为馋而多吃啊！

洋蒲桃

Syzygium samarangense

科属： 桃金娘科，蒲桃属
别称： 莲雾、金山蒲桃、爪哇蒲桃、水蒲桃

形态特征

生活型： 乔木

株： 高达12米

叶： 叶薄革质，椭圆形至长圆形

花： 聚伞花序顶生或腋生，白色

果： 果实梨形或圆锥形，肉质

生态习性

国内产地： 台湾、广东、广西、海南、福建均有分布。

原产地： 马来西亚及印度。

繁殖技术： 种子少且难发芽，常用高空压条、扦插和嫁接的方式进行繁殖。

物候期： 花期3～4月，果实5～6月成熟。

✚ 文献记载

《莲雾的营养成分分析》记录，莲雾含有丰富的矿物质、维生素、蛋白质、有机酸等，具有清热利尿、安神、助消化等作用。

《浅谈莲雾的价值》指出，在台湾民间有"吃莲雾清肺火"的说法。挑选莲雾的诀窍是"黑透红、肚脐开、皮幼幼、粒头满"。

✚ 药用价值

《浅谈莲雾的价值》：润肺、止咳、生津，治痔疮出血、胃腹胀满等。

书籍参考

· · · · · ·

[1]《中国高等植物图鉴》

[2]《海南植物志》

[3]《广州植物志》

[4]《莲雾优质高效栽培技术》

第十六章

水东哥

罗罗一行人沿着河边下山有几天了，现在他们遇到了一个很急切的问题，那就是粮食不够了，虽然一路上有水果精灵们的帮忙，但是野果还是不能完全满足大家每天的能量所需，所以他们现在很需要粮食或是能填饱肚子的食物。

"好饿啊，什么时候能离开这个鬼地方啊！"霖瀚抱怨道。

"哟，现在就坚持不住了？之前我跟狮子老师出去野外调研的时候，有次迷路不知道饿了多少天呢。"洪林依旧走在最前方带路，仿佛有用不尽的体力。

"师弟，再坚持一下吧，应该很快就能走出去了。"雅鹿安慰说道。

"大家再坚持一下，下了河应该差不多就能走出去了。"罗罗时刻鼓励着小队成员。

没走多长时间，大家就已经精疲力尽了，虽然这河边的风景依旧很美丽，若是人间的这个季节，那必定是炎炎夏日，可这里却一点都感觉不到炎热，倒是有微凉清风，淡淡芳香。

原来芳香是由这秘境中一种类似蝴蝶的生物发出的，当它们聚集时便会传出阵阵鸣叫声，越密集，所散发出的果香味道便越丰富。大家猜想也许是物种特性或是食用不同的野果后散发的香味。

"既然有果香味，那不如称为香果蝶，大家别担心，这附近应该是有野果了，再坚持一下。"罗罗老师说道。

走过五十米左右，众人看到了一群"棉花糖"靠在树下，那精灵被白色果子包裹住，连四肢都只能看到一点点，就如同一个快要爆炸的气球，待在原地一动不动，或许是想动也动不了。

"你们好啊，躺在这里休息啊。"不知谁说道。

"啊咚，啊咚！"精灵说道。

"我们是身上长了太多水东哥了，多到不能行动了！"精灵说道。

"水东哥？是什么，从来没有听说过。"霖瀚又听到了一种不认识的野果了。

"水东哥是猕猴桃科水东哥属的一种灌木或小乔木，因为其果子为白色且饱满，又称白饭果，常生长在水边等较阴凉的地方。其果子味道鲜甜爽口，有清热解毒、清凉解暑的功效。"罗罗老师说道。

"我们是水东哥精灵，叫冻歌，每年这个季节水东哥都会在我们身上疯狂生长，要等三个月后果子才会掉落，这期间我们都是动不了的。"冻歌委屈地说道。

"那你们不会饿死吗？"洪林发出疑问。

"我们与其他精灵不同，靠光合作用我们就能够生存下来，这也是为什么我们身上会长果子。"冻歌说道。

"可以帮你们把水东哥提前采摘下来吗？作为报酬，摘下来的果子要给我们。"雅鹿灵机一动说道。

"可以的，你们能帮忙的话那真的是万分感谢了。"冻歌说道。

"这算是薅羊毛吗？"小雯师妹说道。

过了半小时左右，在众人的努力下，冻歌终于脱胎换骨，重获自由，去除了"羊毛"的他们就像是那糖豆人一样，让人有点不习惯。

"真的是太感谢了，那么愿你们早日回到原来的世界。"冻歌与众人挥手道别。

"额嗯，这水东哥还挺好吃的，酸酸甜甜的。"霖瀚满足地吃着果子。

"那是，这可是野果中又漂亮又美味的果子。"洪林说完就抢走霖瀚手中那袋野果。

"喂，你抢我的果子干嘛啊！"两个人追赶了起来……

又是与水果精灵相遇的一天，他们究竟还会遇到什么更奇葩的精灵？能走出这个林中秘境吗？……

水东哥-花

@余月

知识小问答

老师，水东哥是不是有很多长得很像的"亲戚"啊？

是的，因为有一个水东哥属，人们较为熟悉的就是水东哥和红果水东哥，目前有很多新的水东哥属植物正在慢慢被人发现，大多数都是其属的变种植物。

老师，水东哥属植物有哪些特征？

它的小枝常被爪甲状或钻状鳞片，单叶互生，具锯齿，侧脉多而密，叶脉疏被鳞片或平伏刺毛；无托叶。花两性，聚伞花序，簇生，花瓣5，覆瓦状排列，基部常合生；浆果球形，常具棱。种子多数，细小，褐色。本属多数种类果味甜，可食。

水东哥

Saurauia tristyla

科属: 猕猴桃科，水东哥属
别称: 水琵琶、水牛奶、白饭果、
红毛树、鼻涕果

形态特征

生活型: 灌木或小乔木

株: 高3～6米

叶: 叶纸质或薄革质，倒卵形

花: 聚伞花序簇生，白色/粉红色

果: 球形，白色，绿色/淡黄色

生态习性

国内产地: 广西、广东、云南、贵州。

国外产地: 印度、马来西亚。

生境: 喜欢阴凉潮湿、土层深厚的环境，常生长于林下沟谷的水边。

文献记载

《中国中草药志》记载：味微苦，性凉。归肺经。清热解毒，止咳，止痛。治风热咳嗽，风火牙痛。

药用价值

水东哥具有清热解毒、止咳、止痛的功效，广西玉林地区民间用根、叶入药，有清热解毒、凉血作用，治无名肿毒、眼翳，根皮煲瘦猪肉内服治遗精。

书籍参考

[1]《中国高等植物图鉴》

[2]《中国植物志》

[3]《中国中草药志》

第十七章

南酸枣

一

受拐枣仙子所托，大家根据指引来到了一处小山坡。山坡上有一个泉眼，向守护此地的神兽说明来意后，神兽让他们把一捧草掀开，在草下面的水洼中找一颗宝珠。罗罗一行人开始找宝珠。

精灵叮嘱把宝珠放入水壶，在异境中水壶里的水会饮之不尽。并警告千万不能将宝珠吃掉。

大家一路走着，不再忧虑食物问题，又得到了精灵的指引，整个旅程变得轻松自由起来。

小雯忽然说："前面再走一段，应该就是南酸枣的范围了。我们要先去找一下南酸枣精灵，把拐枣仙子的东西交给她。"

"什么？什么？"狮子老师不知从哪里突然出现，听见对话，来了兴致："你们居然还和精灵做了交易？快来说说怎么回事……"

"是当时我们水不够了请精灵帮忙，作为条件帮她带点东西给她的朋友。"大家非常开心与狮子老师几人再次会合。

"来来来，看看给了什么东西？"狮子老师按捺不住兴奋地说。众人拗不过，只好把东西拿出来。

"可以，可以，可以。泡的酒和糖浆，洪林居然背着这些走了这么久，哈哈哈哈。"狮子老师说。

狮子老师打量着泡的酒和糖浆："看样子这个糖熬得很好啊，待会我们也来尝一下哈。"

"老师，随便吃别人的东西好像不行吧……"十二忍不住说。

"没问题啊，哈哈哈，到时候请她分我们尝一点。我好久没吃过啦。南酸枣也是能吃的哦。"狮子老师说。

"我好像在超市经常见到那个南酸枣糕。"十二说。

"南酸枣啊……我老家亲戚喜欢吃。好像到了广东见过叫'酸枣子'的零食，应该也是这个南酸枣吧。"雅鹿忽然提起。

"到时候看看不就知道了。"狮子老师说。

二

说话间，眼前出现了一大片高大的树林，狮子老师跑上前看了看。

"到了到了，这里全是南酸枣树，你们看这个树的树形和高度，还有这个叶子。"狮子老师说。

"地上有果子掉下来了哦。"狮子老师说。

"啊这个，"雅鹿捡起一个扒拉掉果肉，"这个就是我老家吃的那种，它们的核是一样的。"

"它的核上有花纹，就像工艺品一样呢，在一端有个五瓣小花一样的纹路。"雅鹿说道。

"这个我知道，确实是拿来做工艺品的哦，拿来串手串的话，叫五眼六通菩提手串。"徽音说道。

"哈哈哈哈，徽音说得没错，不过在网上直接搜酸枣手串，搜出来的往往是酸枣核菩提哦，那是北方植物酸枣，鼠李科枣属植物。南酸枣虽然名字里有酸枣，但它是漆树科南酸枣属，是完全不同的植物，注意不要弄错了，哈哈哈。"狮子老师说道。

罗罗老师补充道："狮子老师说得对，南酸枣从树木到果实经济价值都很高哦，树皮和叶可提栲胶。果可生食或酿酒。果核可作活性炭原料。茎皮纤维可作绳索。树皮和果入药，有消炎解毒、止血止痛之效，外用治大面积水火烧烫伤。"

"是贵客到访吗？"众人讨论间，一个古装女子突然出现。

"您好，请问是南酸枣精灵吗？我们受拐枣的委托，把这罐果酒和糖浆带给您。"罗罗老师说道。

"是吗？真是谢谢你们啦。不嫌弃的话，请来寒舍小坐。"古装女子说道。

大家随着古装女子，来到了一处亭子。

"请坐吧。"古装女子说道。

"哇，从这里看景色好美啊。"大家情不自禁地惊叹，古色古香的亭子坐落在丘陵之间，远远望去，面临着一片云海。远处山的轮廓若隐若现，隐隐有什么散发着光芒。

"见笑了，远道而来，先喝口茶稍作休息吧。这个园子都是我的居所，界时你们可以到处逛逛。"古装女子说道。

说话间有精灵已经端上了各色茶点。

大家纷纷放松心情，坐在亭子里一边欣赏美景一边与仙子闲聊起来。

"为什么仙子您有府邸呢？我看其他的精灵好像是住在树里的。"小雯好奇地问。

"大概是因为我年长吧，我的先祖早在人类出现之前就存在了，后来天下大变，就只遗留下来了我们这一支到现在……"古装女子说道。

"是的，在距今约5000年的良渚古城遗址中，考古人员发现南酸枣已作为餐后水果出现在古代良渚人的餐桌上。"罗罗老师补充道。

"没错，没错，哈哈哈。"狮子老师说道。

"看来你们很懂植物嘛，这就回答了刚刚的问题，因为我年长，所以不光守着这片林子，还管辖了这座山的一些事务，要是你们遇到了什么困难，也不妨跟我说。"古装女子说道。

"其实一路走来，感觉大多数精灵对我们都挺友好的。"洪林说。

"因为你们被放进来本来就是有原因的，不然是进不来的，大家多少能感受到你们身上带着什么吧。"古装女子说。

"原来是这样。"众人点点头。

"我这里一般都比较安静，鸟兽也很少来（由于南酸枣果子很酸，一般少有动物吃），只有拐枣妹妹时不时登门，她既然送了酒和糖浆，大家也都尝尝吧。"古装女子说。

狮子老师一听，眼睛亮了："既然主人已经开口，来来来，大家都试一试。口感啊，气味啊，都要记录下来，以后写科普小文章用。"

"我这里也有南酸枣泡的果酒和南酸枣茶点，你们也来尝尝和外面的有什么不一样。"古装女子说。

"可能这个雅鹿学姐会比较知道诶。"余月说道。

三

待大家休息得差不多了，狮子老师发言："可以让我们逛一下你的园子吗？我刚刚看到了许多有趣的玩意儿，好像很多不同时代的样式都有保留，给我的学生们见识见识也是好的。"

南酸枣精灵面带笑容起身说道："看来狮子老师是个

相当有学识的人，当然可以，正好很久没有与人交流了。今晚为大家准备了几个房间，大家可以把行李放到房间里，再出来游玩，晚上也准备了晚饭，不嫌弃的话可以歇一两天再走。"

"好耶！"大家忍不住欢呼起来，终于可以不用睡帐篷了！

"狮子老师，请吧。"南酸枣精灵做出一个邀请的动作。

"啊哈哈，大家记得多拍照做笔记！这是一个很好的学习机会，到时候都回去写总结！"狮子老师说。

知识小问答

南酸枣

小时候记得吃过某种枣糕，是不是用南酸枣制作的？

这个是有可能的，南酸枣在很多地方会被加工制作成各种小吃，可以腌制成枣干，或者加其他配料做成枣糕，也就是南酸枣糕。

这个闻起来带有药的味道，它也是一种药材吗？

是的，南酸枣是常用中药材，它的果核可以醒酒解毒，鲜果可消食；在广东、福建等地可见。

南酸枣

Choerospondias axillaris

科属： 漆树科，南酸枣属

别称： 五眼果、山枣、酸枣、花心
木、棉麻树、啃不死

形态特征

生活型： 高大落叶乔木

株： 高达30米

叶： 奇数羽状复叶，互生

花： 单性或杂性异株

果： 核果黄色，椭圆状球形

生态习性

国内产地： 中国西南、广东、广西、华东地区。

国外产地： 印度、中南半岛、日本。

生境： 生于海拔300～2000米的山坡、丘陵或沟谷林中。

物候期： 花期4～6月，果期8～10月。

文献记载

《南酸枣皮原花色素结构组成及其生物活性》指出，南酸枣具有悠久的药用和食用传统，以干燥成熟果实入药，是藏药和蒙药医治心脏病的常用药材之一。

《内蒙古蒙成药标准》共收录内服药101种，其中含南酸枣的制剂就有11种。

药用价值

南酸枣鲜果，消食滞，治食滞腹痛。果核，清热毒、杀虫收敛、醒酒解毒，治风毒起疙瘩成疮或疡痛。

书籍参考

[1]《中国高等植物图鉴》

[2]《中国植物志》

[3]《中华人民共和国药典》

[4]《广西中草药》

第十八章　尾声

调研百年桃树的众人向南酸枣精灵告别，同时朝南酸枣精灵所指方位看去。

不远的山顶正有一处散发着光芒，狮子老师连忙拿出地图。

"没错，没错，就是这里了！爬上山就到了。"狮子老师兴奋地说道。

大家忍不住欢呼起来，历经连日的旅途终于要到达胜利的终点，想到这里，步伐都轻快了起来。

又走了好一阵，他们到达了山顶，眼前是一棵直径差不多十米的桃树，盈盈地开了满树的花，像一大片粉色的云驻留在树顶，风一吹，纷纷扬扬地下起粉色的花雨来，铺满了一地。

"哇，真的好漂亮。"罗罗老师由衷地赞叹。

这时一位着粉色仙裙的女子缓缓走来："请问诸位就是来归还桃种的恩人吗？"

"是的，我朋友让我来归还桃种，还说已经打好招呼了。"狮子老师说。

"辛苦诸位远道而来……"粉裙仙子说。

"不辛苦，不辛苦，想问问你们这个山是个什么状况呀？这棵桃树是什么品种？"狮子老师问。

"诸位上山来想必也知道，此间不是寻常尘世。实不相瞒，这里是西王母娘娘管辖的招摇山，此树为蟠桃神树，凡二百年结一次果，神果的种子也是要上供的，那日我们上供不留心掉落了一颗，幸而您的友人拾得，如今又劳烦您送来，实在感激不尽。"粉裙仙子说。

"原来如此，哈哈哈。"狮子老师说。

"主人已经预备好谢礼，狮子老师请随我来，诸位请在外面稍加等候。"粉裙仙子说。

仙子带着狮子老师进入了一道光中，其余人都沉浸在美景中，纷纷坐在树下自娱自乐。

过了一会儿，又一个精灵出来对众人说：

"听闻贵客造访此地，山中仙子们借了祝馀草和水珠，这两样都不是凡间能有之物，还请归还，我们另备了谢礼，还请笑纳。"

十二和罗罗老师分别把祝馀草和水珠拿出归还。大家开开心心地挑着礼物，此时仙子和狮子老师也出来了。

"好消息哈，我们待会儿不用自己走啦，他们会送我们下山！"狮子老师说。

"西王母娘娘派了座下青鸟送回诸位。"粉裙仙子说。

正说着一阵风吹来，青鸟出现。

众人乘青鸟车在云海中穿行。

众人惊讶于所见的景色和山的全貌（和地图相符）。

镜头一转，青鸟降落在一处山林里，大家意识到路程已经结束了，纷纷下来，青鸟行礼之后便腾空而起，再度消失在视野中，眼前只有一条看上去是人工铺成的路，看来这就是唯一的路线了。

周围似乎并无人烟，偶尔传来几声鸟叫，还有干枯的落叶被踩在脚下发出咯嚓咯嚓的声音。

走着走着，果子忽然发现随着树木逐渐稀疏，眼前的景物越来越熟悉。

"等等，这里……是不是深圳湾？"

"是吗？"十二问道。

狮子老师仔细辨认了一下，顿时兴奋起来："没错没错！这片林子走出去就是海湾了！"

"这么说我们回到现实世界了？"雅鹿醒悟过来，连忙拿出手机，"有信号了！"

"现在是几号了？感觉我们进去好多天了。"徽音凑过去看时间。

一阵校准过后，手机上赫然显示是2月2日下午3点。

徽音惊呼起来："天哪，这不就是我们出发那天吗？师姐你确定手机没问题？"

大家纷纷拿出手机，发现所有的时间都是2月2日下午3点。

"怎么会？我感觉里面已经过了好长时间了。"团队成员说。

"就算我们一直在森林里走，树木遮住了阳光，对时间不敏感，也不应该只过了半天啊。"团队成员说。

"我们到时候问问海滩的人不就知道了。"罗罗老师说。

"罗罗老师说得对，待会儿去问一下就好了，再说既然我们都进了那不可思议的地方了，两边的时间不一致也是有可能的，你们听过烂柯人的典故吗？"狮子老师说。

"虽然有道理，你这么一说好像更可怕了，万一不是这边的时间比较慢怎么办？"有人惊慌地问。

"那不是没有发生嘛，哈哈哈哈，放心放心，不可能的。我们的运气一向都很好。"狮子老师说。

二

大家走出树林，沙滩、大海赫然出现在眼前。

洪林兴奋地说："我知道，这家度假酒店很有名的！"

"我之前就很想来玩儿了，这里的自助海鲜烧烤很好吃！"十二说。

"这么在野外生存了一番，也真的很想好好享受一下生活啊……"有人说。

"哈哈哈，来都来了，不如大家就在这里度假几天，好好休息一下，我请客！"狮子老师豪爽买单。

众人欢呼。

"我要去游泳！"

"现在就想去酒店好好睡一觉了！"

"烧烤，烧烤！我来啦！"大家七嘴八舌地说道。

"都有都有，尽情玩！都辛苦了！"狮子老师说。

度假期间，狮子老师给友人写好回复字条。"已将东西妥善归还。"

他把信封封好放在房间的窗台上，打开窗户。

到了夜晚，一只黑领椋鸟将回信衔走了。

他又给学校发邮件汇报"三月带学生进行了一次植物考察活动，收集的资料可以……（此处隐去了进入异界的部分，只写考察）"。

狮子老师租下了酒店的一间会议室，大家上、下午在会议室整理资料，交流这次经历的见闻。早、午、晚都在酒店或者周边探索美食和好玩的东西，好不快活。

这天大家准备吃午餐时，余月发现今天菜单上赫然写着"新品：仙人掌套餐"。

"仙人掌还能做菜吗？"余月问。

"点一个试试？反正狮子老师买单嘛。"有人说。

"我好像吃过一次，切成小块炒着吃的。"雅鹿说。

"听上去有点像黑暗食品什么的……"。有人说。

三

　　大家工作接近尾声，狮子老师收到了学院的回复，当晚他在酒店会议室宣布："好消息，学校看了我们的汇报成果，非常满意，把另一个考察任务安排给我们啦，下次我们去考察各种各样的蘑菇！"

旅途后记

仙人掌

"美好的一天从今天开始，出来到现实世界真是太好了，之前秘境里我洗澡都不方便了。"果子师姐敷着面膜从楼上下来。"插画小师弟，快看看你的松鼠，哈哈哈，太搞笑了。"

"小嵩，你在干什么？"插画小师弟问。

此时小嵩像是喝醉酒一样，在酒店的沙滩前，打起了太极拳，还挖了一个坑想把自己埋起来。

插画小师弟一个箭步上去，就把它从坑里拽了起来，拍了拍它身上的沙子。

"看来它收获不小呀。"果子指着小嵩的小背包。

"我们来看看。"

"哟！有好东西啊！"众人你一句，我一句。

抖了抖小嵩的背包，掉出了一些仙人掌的果实。

"看来这附近有不少仙人掌，大家要不要一起去看看？"狮子老师问。

"我！我还是第一次知道海边有仙人掌，我要去看看。"

"我也去。"大家纷纷说道。

最后大家决定一起去看看，当然是小嵩带路了（有的人想去吃仙人掌果实）。

"哇！这里太美了！"

十二刚想用手去碰就被罗罗老师阻止了（以下事情都是经过罗罗老师同意才做的）。

"别碰，这仙人掌果实上有好多小刺，被扎到会很痛的，刺还很难挑出来。"余月拿出百宝箱的夹子递给了十二。

十二接过夹子开始夹起仙人掌果实，不一会儿就装满了一大篓。

"这次小嵩干得不错啊，让我们又吃到了美食又看到了美景。"罗罗老师说。

"是啊，这边的水质真是不错，清澈见底，要不是我是个旱鸭子，这里又比较偏僻，我真想下去游一下。"有人说。

"大家注意了！我们要走了哟！回去准备准备，晚上啤酒配烧烤！"狮子老师说。

"好诶，顺便尝尝仙人掌果实。"不知谁说。

一行人回到酒店里开始准备晚上的烧烤。

"这个仙人掌果实好像青瓜肉一样，挺清甜的。"

"我这个味道就不太好，没什么味道呀！"

"这个汁水还挺足的。"

"听说还有抗衰老的作用。"

"我要多吃一点！"

"开始烧烤吧！"大家兴奋地交谈着。

酒足饭饱之后，大家开始休息。

知识小问答

仙人掌

老师，仙人掌真的会开花吗？感觉家里那个仙人掌养了好久都没有变化。

肯定会的啊，植物开花结果是大自然的定律，只不过仙人掌确实要好几年才会开花，需要更细心的栽培，相信总有一天会开花的！

老师，沙漠中仙人掌依靠什么储存水分？

仙人掌表面有层蜡质，叶子也进化成了针状，缩小了外表面积，从而减少了水分蒸腾；仙人掌进化出了肉质组织、蜡质皮肤和尖尖的刺，还有专业化的根系使它们在这种艰苦生态环境下能具备全部的生长优势。

仙人掌

Opuntia dillenii

科属： 仙人掌科，仙人掌属
别称： 仙巴掌、霸王树、火焰、
牛舌头

形态特征

生活型： 丛生肉质灌木

株： 高达3米

叶： 宽倒卵形、倒卵状椭圆形

花： 辐状，黄色，花丝淡黄色

果： 浆果倒卵球形，顶端凹陷

生态习性

国内产地： 广东、广西南部、海南沿海地区。

国外产地： 原产墨西哥东海岸、美国南部及东南部沿海地区。

生境： 喜阳光、温暖，耐旱，适合在中性、微碱性土壤中生长。常用
扦插繁殖。

物候期： 花期6～10月。

文献记载

《海南特色野生果树、药材和观赏植物种质资源及利用》指出：仙人掌果实果汁多，味清甜，富含人体必需的蛋白质、维生素、矿物质、胡萝卜素等成分，可用于鲜食、酿酒或制成果酱、蜜饯……

药用价值

仙人掌味淡，性寒，具有行气活血、清热解毒、消肿止痛、健脾止泻、安神利尿的功效。

书籍参考

[1]《中国高等植物图鉴》
[2]《中国植物志》
[3]《中华人民共和国药典》
[4]《现代中药学大辞典》
[5]《海南特色野生果树、药材和观赏植物种质资源及利用》

椰子

随着之前进山调研百年桃树的奇幻之旅结束后，众人离开那个梦幻的世界，本以为生活就这样平静下来，没想到，却在现实生活中遇到新的玄幻事件。

"大家是不是都收到椰子精灵的来信了？"狮子老师问道。

罗罗老师说："看来我们和奇幻世界的缘分还没有结束呢！"

"不知道这个椰子精灵是什么样子？真是让人好奇呢！"小鹿若有所思地说道。

"精灵这种生物无论如何都很漂亮，不管是胖胖的余甘子，还是圆乎乎的桃金娘。"余月说道。

"这个椰子精灵是不是洋蒲桃姐妹说的海椰？那我们能够去椰子冰泉玩玩。好诶！"徽音兴高采烈地欢呼着。

"别急着去，先看看我们要怎么过去。这回用不用多备些吃的呢？如果要准备就准备充分些。"小瀚说道。

暖煦的海风吹拂着椰林，一颗颗毛茸茸的海椰悬挂在椰树上。翠绿的椰林下，米黄色的沙滩上，一只只蟹爬来爬去，海滩是它们的领地，它们四处游走、寻觅着属于自己的家园。

旁边的街道上沿边都是各式各样的小摊，有的小商贩正在削着椰子准备卖椰子水，有的则是在摊位的桌面上摆放着一堆椰子糕点，还有打包成袋或罐装的椰浆、椰奶、椰蓉、椰粒、椰子片、椰子粉等。

大家前往海岛的最边缘，蓝色的海面在正午当头的阳光照射下像是一块从未被打磨过的矢车菊宝石。在海平线的位置眺望，隐隐约约出现了一条船，随着船越来越靠近，大家看到熟悉的瓢虫胖小和余甘子也在船上，朝着大家招手。

交谈过后，在老朋友的介绍下，大家认识了新朋友海椰。下一站就是海椰的领地——椰冰岛。

"在椰冰岛上大家可以自己收割椰子，也可以喝特制的椰冰水，去体验我们的椰冰泉。当然椰冰泉是我们族群的圣地，来往的同伴都只能用分流泉眼中的泉水，而不能直接进入我们的圣地。"海椰说道。

"那我们要怎么泡椰冰泉呢？难道会有很独特的设计吗？"果子和小雯异口同声地问道。

海椰说："别担心，每一个椰冰岛来客都能在椰冰岛参与泡椰冰泉，泡椰冰泉后各位可以前往妖精集市看看有没有需要购买的物品，当然那里只接受以物换物，人类的货币在妖精的世界中缺乏灵气，不过人类的小东西在妖精眼中是不错的解闷玩意儿。"

"那我们可以多摘些椰子回去吃，可以拿来做好多美食，比如椰子鸡、椰子蛋糕、椰蓉糕、生椰西瓜汁。"徽音说道。

"对对对，还有椰子焖鸡、椰子饭也超级好吃。"余月连忙说道。

"椰子水多喝还能减肥、抗氧化呢！"小鹿补充说道。

"到了，前面的椰树上都是可以采摘的椰子，这里是放置的器具，各位游者请。"海椰说道。

"好高啊！话说椰子要怎么摘？爬树吗？"徽音疑惑问道。

"可是这个树太高了，我们爬得上去吗？是不是有其他方法，我觉得爬树不太行。"余月说道。

十二和小瀚觉得可以尝试一下，便收拾衣袖准备爬树，结果没想到的是懒惰的都市居民缺乏身体锻炼，导致攀爬椰树不成功。小瀚仍然不肯放弃，他叫了松鼠小嵩帮忙，结果小松鼠体重太轻了，牙齿也咬不断椰子的枝条，只好累得气喘吁吁地爬下来。

海椰看着大家花样百出地摘椰子，只能采取无人机这类外挂机械帮助摘取，但最终也没有多少收获，只好先安排大家前往椰冰泉准备休息，后面再送椰子过来。

众人攀爬上一颗超大的椰子，沿着入口踩着一阶阶椰冰向下，坐在椰奶冰块上，泡在椰泉中喝着椰子水，头顶还时不时有人撒着金黄色的椰粒，真是新奇的冷泉泡法。

"我还是第一次体验这种泡法，觉得有点神奇。"罗罗老师说道。

"是啊！不知道狮子老师他们那边怎么样？应该也差不多吧！"果子说道。

另一边，无聊的男士们开始找新花样，他们把椰冰都雕刻成了各种各样的小动物。这个奇思妙想后面被海椰发现了，并慢慢地传承下来，变成椰冰岛的新节日——冰玩节。

泡完冷泉，在前往妖精集市的途中，大家踏上冰阶一层层向上走去，在远处雪白的地面上浮现出熙熙攘攘的族群，有形似鲛人的少女，也有头顶着各式各样兽耳的儿童，还有完全化为人类形态的人形生物。

在集市最前面的摊位，几只花栗鼠带着松鼠正吵吵嚷嚷似乎对这批坚果的质量不满，大声地砍价，刺猬摊主摇手示意表示不可以，这个东西必须要这个价格。

往集市深处走去，众人开始看到有些吓人的场景，一只羊头人身的妖魔正在卖着好几个羊头，这一幕惊呆了所有人。

"难道这就是传说中的挂羊头不卖狗肉？"十二说道。

"这些羊头是这个妖魔的灵力结晶，只是因为修魔的缘故才变成了这样。"海椰说道。

　　大家痛痛快快地在椰冰岛上玩了好几天，最后回去的时候也是大包小包地拎着走。

知识小问答

椰子

老师，前段时间很火的糯米椰子是新品种吗？营养价值与普通椰子有区别吗？

糯米椰子不是新品种，是椰子变异现象，是发育不完全导致的，口感上会比普通椰子好，但是营养价值方面跟普通椰子是没什么两样的。

老师，椰子树和槟榔树有什么区别？

外形上，槟榔果是生长在树上的热带水果，槟榔属棕榈科槟榔属常绿乔木，其干端直而无横枝，高度10米左右；树干上有节，羽状复叶，长在树顶端，叶子四面排开，远看临风招展，恰如凤尾。而椰子树是棕榈科椰属。椰树能长到25米以上，叶是黄绿色的，每个叶片由好多个小叶片组成。

椰子

Cocos nucifera

科属： 棕榈科，椰子属
别称： 椰树、可可椰子

形态特征

生活型： 乔木状

株： 高可达 30 米

叶： 羽状全裂

花： 单性，雌性同株

果： 球形

生态习性

国内产地： 华东南部及华南诸岛、云南南部热带地区。
国外产地： 斯里兰卡、马来西亚、印度、菲律宾。
生境： 适宜生长在高温多雨的低海拔湿热地区。
物候期： 花、果期主要在秋季。

文献记载

《本草纲目》记载：椰子肉"甘，平；无毒""食之不饥，令人颜面悦泽"。椰子水"甘，温；无毒"。椰壳"能治梅毒筋骨痛"。

药用价值

椰子叶苞可有效防治某些妇科疑难杂症；嫩椰子水可有效消除生理性黄疸；嫩椰壳提取的汁液可治疟疾。

书籍参考

[1]《中国高等植物图鉴》
[2]《中国植物志》
[3]《海南植物志》
[4]《本草纲目》

参考文献

[1] 陈火君，江晓燕. 桃金娘开发应用研究进展[J]. 广东农业科学，2007，34（3）：109-111.

[2] 何桂芳，夏宜平. 优良野生观花地被植物——地稔[J]. 北方园艺，2005（3）：39.

[3] 杨宁，赵谋明，刘洋. 野生仙人掌多糖抗氧化性研究[J]. 食品科技，2007（2）：147-150.

[4] 王佳嵩，王健恩，罗先强，等. 3种华南乡土地被植物的耐旱性研究[J]. 林业与环境科学，2020，36（1）：91-98.

[5] 杨武英，丁菲，李晶，等. 八种野生壳斗科植物果实营养成分的分析研究[J]. 江西食品工业，2005（3）：23-24.

[6] 韩加敏，朱欣，谭宏伟，等. 蜜源植物盐麸木的研究[J]. 中国蜂业，2022，73（5）：47-53.

[7] 刘晓庚，陈优生. 南酸枣果实的成分分析[J]. 中国野生植物资源，2000，19（3）：35-40.

[8] 陈定如. 水翁、海南蒲桃、蒲桃、洋蒲桃[J]. 广东园林，2007，29（3）：79-80.

[9] 孙俊秀. 果中皇后山竹[J]. 四川烹饪高等专科学校学报，2004（1）：18.

[10] 汤富彬，沈丹玉，刘毅华，等. 油茶籽油和橄榄油中主要化学成分分析[J]. 中国粮油学报，2013，28（7）：108-113.